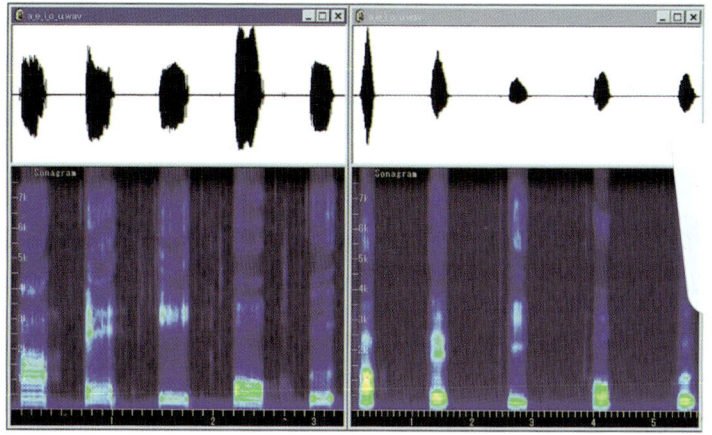

図 8.26 日本語 5 母音に対するソナグラム分析結果。
左：女声，右：男声

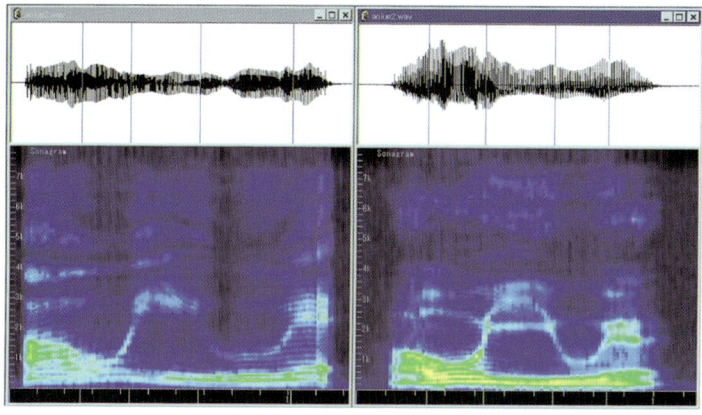

図 8.27 連続発声した 5 母音に対する（広帯域）ソナグラム分析結果。
左：女声，右：男声

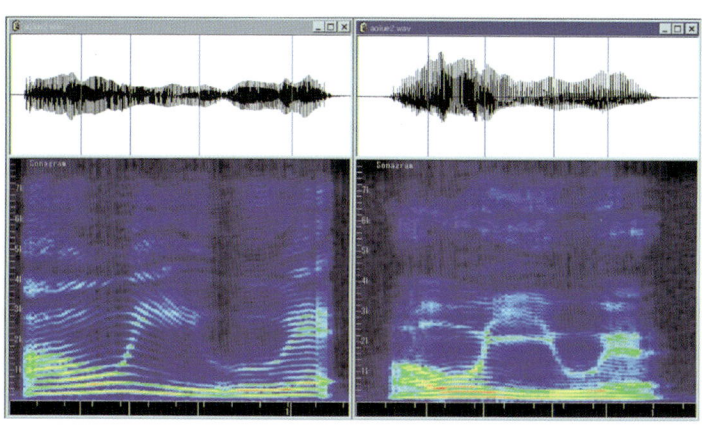

図 8.28 連続発声した 5 母音に対する（狭帯域）ソナグラム分析結果。
左：女声，右：男声

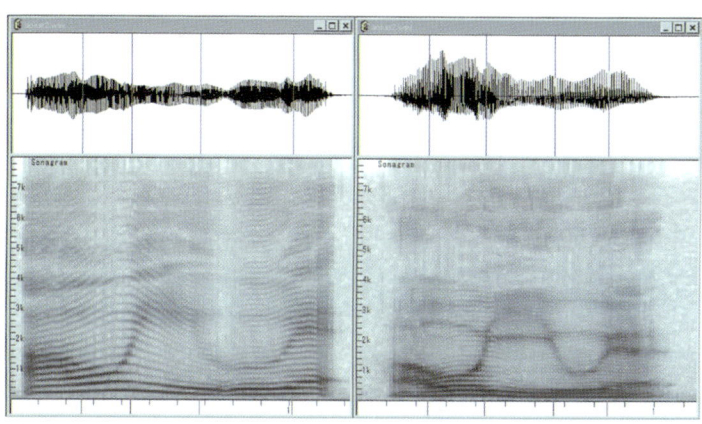

図 8.29 連続発声した 5 母音に対する（狭帯域）ソナグラム分析結果をモノクロ表示。
左：女声，右：男声

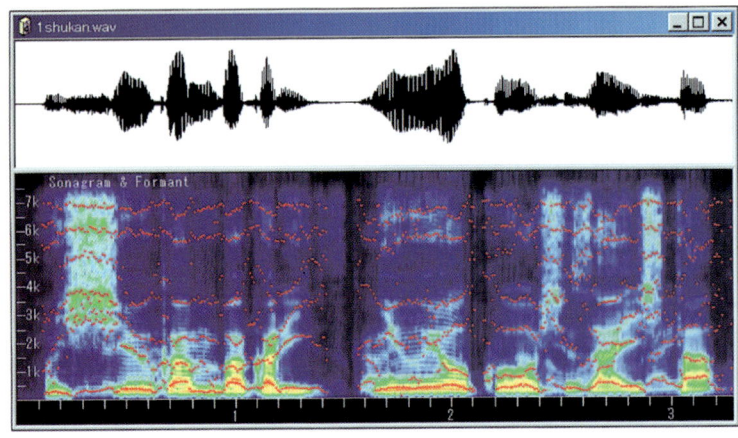

図 8.36 連続音声に対するソナグラム分析結果の上にホルマント周波数の分析結果を重ね書きした。

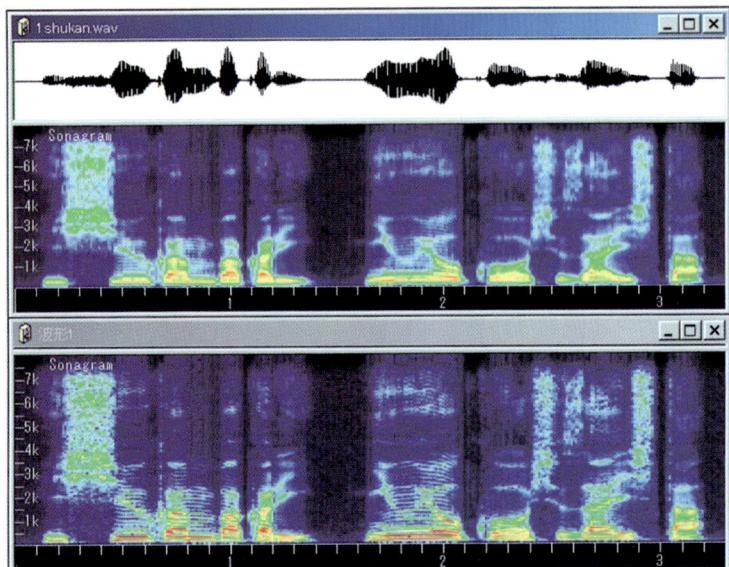

図 8.39 広帯域と狭帯域のソナグラム分析結果を同時に表示する。

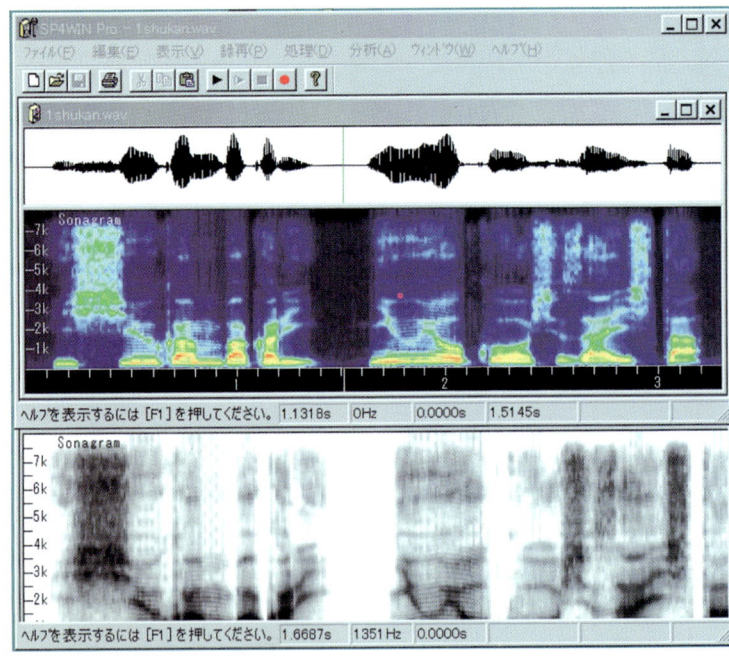

図 8.40 カラーとモノクロのソナグラム分析結果を同時に表示する。

音声工房を用いた音声処理入門

石井　直樹 著

コロナ社

まえがき

　最近，パソコン（パーソナルコンピュータ）で音声を扱いたいという方が増えてきた。その方がやりたいことはさまざまであり，その方の基本知識やバックグラウンド（専門）もさまざまである。私の会社ではパソコン用音声処理ソフトを開発・販売しているので，さまざまな分野の方からさまざまな相談を受け，よい入門書はないかと尋ねられる。

　従来，音声をコンピュータで扱っていたのは，おもに理工系で情報処理やエレクトロニクスを専門にする方たちであった。その世界には専門書があり，かつその世界に入るための入門書もある。しかし，他の分野の方が，その入門書を見ると難しい数式が出てきてとまどい，コンピュータによる音声処理というのはなんと難しい分野なのかと驚嘆し，落胆してしまうのである。

　私がこれまでに相談をもちかけられた方々の専門分野を列挙すると

　　音声処理応用（合成，認識，符号化）　　心理学
　　騒　音　　　　　　　　　　　　　　　　楽器設計
　　機械振動　　　　　　　　　　　　　　　声楽（邦楽，洋楽，東洋音楽）
　　建　築　　　　　　　　　　　　　　　　医学（耳鼻咽喉科関連）
　　言語学　　　　　　　　　　　　　　　　歯学（矯正歯科など）
　　音声学　　　　　　　　　　　　　　　　言語リハビリテーション
　　外国語教育・研究

などとなる。また，その方々のそれぞれの分野における専門の程度もまた，学部の学生から著名な大学教授までさまざまである。

　そこで，本書では，上記したようなさまざまな分野の方が，パソコンで音声を扱うにはどうすればよいか，パソコンに表示された音声波形やいろいろな図形をどう解釈すればよいかなどを，「音声工房」と称する音声処理ソフトウェアを利用しながら詳しく説明する。一部の記述内容は，ある分野の方にはよく知られたことかもしれないが，その場合はスキップされたい。

　本書では，まず，パソコンが録音再生装置としての機能を果たすようにするにはどうすればよいかを説明する。そのために，パソコンにスピーカやマイクロホンのようなオーディオ機器を接続し，音を再生したり録音したりする方法について説明する（1～3章）。

　ついで，パソコンを音声表示装置として働かせる方法を説明する。まず，本来は見えない音をどのようにして可視情報として表現するか，音の情報をディジタル化する仕組みについ

て説明する．パソコンに表示された音声波形あるいは波形包絡の見方を説明する．さらに，言語音として日本語音声の波形を観測し，その特徴について調べる（4～5章）．

そのつぎに，パソコンを音声処理装置として使う方法について説明する．すなわち，音を加工する方法および信号音をつくる方法について紹介する．音の加工というのは，ある音の一部を削除したり，順序を変えたり，あるいは部分的に音の大きさを変更したりする処理のことである（6～7章）．

最後に，パソコンで音声のいろいろな特徴を抽出・表示させるという音声分析装置としての使用法を説明する．ここでは，基本周波数，スペクトル，ソナグラム，ホルマントなど，音声の特徴を分析し，観測する方法について説明する．さらに，音声分析の実例として，歌声，ホーミーの声，ひそひそ声，腹話術の声を取り上げ，その信号に適した分析のやり方，分析結果の解釈の仕方について説明する（8～9章）．

なお，本書では，Microsoft Windows という基本ソフトウェアの操作法や，音声処理ソフト音声工房のインストール法や操作法などは詳しく解説しない．それに関しては，それぞれのマニュアルを参照されたい．

本来，このような解説書は，CD-ROM に入れたマルチメディア形式にすべきなのであろうが，そのような CD-ROM をパソコンでどう操作するのかわからない方もおられると思うので，そうはせず，パソコンに縁の遠かった方になじみのある，書籍という形態をとった．そして，実際にパソコンを操作しながら，音声処理を体験していただくために，音声工房の試用版ソフトを添付した．試用版ソフトのなかには，本書で紹介したサンプル音声も含まれている．ぜひ試用版ソフトを動作させ，音声現象を目と耳と口で実感しながら本書を読んでいただきたい．

なお，本文中の用語は学術用語方式にならった．

2002年3月

著　者

目　　　次

1. パソコンと音響機器の接続

1.1　サウンドカード ……………………………………………………………………………1
　1.1.1　サウンドカードとは ……………………………………………………………1
　1.1.2　サウンドカードの形態 …………………………………………………………1
　1.1.3　サウンドカードの中身 …………………………………………………………4
　1.1.4　サウンドカードの組込み状況を調べる ………………………………………5
1.2　ノートパソコン ……………………………………………………………………………8
　1.2.1　ノートパソコンのサウンド機能 ………………………………………………8
　1.2.2　サウンド機能の特性 ……………………………………………………………8
　1.2.3　音響機器の接続 …………………………………………………………………9
　1.2.4　サウンドカードを外付けする ………………………………………………11
1.3　デスクトップパソコン …………………………………………………………………11
　1.3.1　デスクトップパソコンのサウンド機能 ……………………………………11
　1.3.2　音響機器の接続 ………………………………………………………………12

2. Windowsで音を再生する

2.1　Windows付属のソフトを使って ………………………………………………………14
2.2　サウンドレコーダを使ってみる ………………………………………………………16
　2.2.1　起　　　動 ……………………………………………………………………16
　2.2.2　機　　　能 ……………………………………………………………………16
　2.2.3　再　　　生 ……………………………………………………………………17
　2.2.4　録　　　音 ……………………………………………………………………18
　2.2.5　追　加　録　音 ………………………………………………………………20
　2.2.6　サウンドファイルの編集 ……………………………………………………21
　2.2.7　エフェクタ（効果音作成）……………………………………………………22
　2.2.8　CODECを利用する ……………………………………………………………22

3. 音声工房で音を出す

3.1 音声工房のインストール ……………………………………………… 28
3.2 音声工房の起動と終了 …………………………………………………… 29
3.3 音声工房で音を出す ……………………………………………………… 29
3.4 音声工房で録音する ……………………………………………………… 31
 3.4.1 入力源の選択 ………………………………………………………… 31
 3.4.2 ディジタル化条件の設定 …………………………………………… 33
 3.4.3 入力波形のモニタリング・録音開始 ……………………………… 34
 3.4.4 ファイルへの格納 …………………………………………………… 35

4. 音と波形

4.1 音 ……………………………………………………………………………… 37
4.2 音の波形 …………………………………………………………………… 38
4.3 音声工房における波形表示 …………………………………………… 39
4.4 音のディジタル化 ………………………………………………………… 40
 4.4.1 ディジタル化：標本化と量子化 …………………………………… 40
 4.4.2 標本化 ………………………………………………………………… 40
 4.4.3 量子化 ………………………………………………………………… 40
 4.4.4 ディジタル化に際しての注意 ……………………………………… 41
 4.4.5 アナログ信号に復元する際の注意 ………………………………… 42
4.5 音声ディジタル化の実験 ……………………………………………… 43
 4.5.1 標本化周波数と異なる周波数で復元した場合 …………………… 43
 4.5.2 標本化周波数と音質 ………………………………………………… 45
 4.5.3 量子化ビット数と音質 ……………………………………………… 46
 4.5.4 過負荷雑音 …………………………………………………………… 47

5. 音声波形を観測する

5.1 波形と波形包絡 …………………………………………………………… 49
 5.1.1 波形の見方 …………………………………………………………… 49
 5.1.2 波形包絡 ……………………………………………………………… 50
 5.1.3 時間軸方向に拡大して波形を観測する …………………………… 52
 5.1.4 音声波形の見方 ……………………………………………………… 54

5.2　言語音声と音声波形 …………………………………………………… 55
　　5.2.1　母音の波形 ………………………………………………………… 55
　　5.2.2　子音の波形 ………………………………………………………… 57
　　5.2.3　発声様式の変化 …………………………………………………… 61
　　5.2.4　長　　　音 ………………………………………………………… 62
　　5.2.5　連　母　音 ………………………………………………………… 63
5.3　母音の詳細波形を読む ……………………………………………… 64
　　5.3.1　母音の1周期波形 ………………………………………………… 64
　　5.3.2　基　本　周　期 …………………………………………………… 68
　　5.3.3　ホルマント ………………………………………………………… 69

6.　音を加工する

6.1　振幅を変える …………………………………………………………… 71
6.2　音を分割する …………………………………………………………… 73
6.3　雑音区間の除去 ………………………………………………………… 74
6.4　音のレベルを合わせる ………………………………………………… 75
6.5　音の切り貼り …………………………………………………………… 76
6.6　音のミキシング ………………………………………………………… 77
6.7　音声を切り出す ………………………………………………………… 79
6.8　ステレオ信号の加工 …………………………………………………… 79
　　6.8.1　片チャネルの取出し ……………………………………………… 80
　　6.8.2　チャネルの入替え ………………………………………………… 80
　　6.8.3　左右の音量を調整する …………………………………………… 80
　　6.8.4　片チャネルの一部を除去する …………………………………… 81
　　6.8.5　片チャネルに遅延を与える ……………………………………… 81
　　6.8.6　二つのモノラル信号からステレオ信号をつくる ……………… 81

7.　信号音をつくる

7.1　作成できる信号音 ……………………………………………………… 83
7.2　信号音の用途とその作成方法 ………………………………………… 83
　　7.2.1　試聴実験用の区切り音の作成 …………………………………… 84
　　7.2.2　合図音の作成 ……………………………………………………… 85
　　7.2.3　複合正弦音の作成 ………………………………………………… 85
　　7.2.4　音声に雑音を重畳させる ………………………………………… 86

7.2.5　音声と信号音を片チャネルずつに入れる ……………………………… 87

8. 音声を詳しく調べる ― 音声分析 ―

8.1　音声分析とは …………………………………………………………………… 89
　8.1.1　スペクトル分析 …………………………………………………………… 89
　8.1.2　音声生成器官に関する物理量の分析 …………………………………… 90
　8.1.3　その他の分析法 …………………………………………………………… 90
8.2　各音声分析法の説明 …………………………………………………………… 91
　8.2.1　音声パワーとその時間的変化 …………………………………………… 91
　8.2.2　基本周波数とその時間的変化 …………………………………………… 93
　8.2.3　短区間パワースペクトル ………………………………………………… 100
　8.2.4　平均スペクトル …………………………………………………………… 107
　8.2.5　ソナグラム（サウンドスペクトログラム） …………………………… 108
　8.2.6　ホルマントとその時間的変化 …………………………………………… 115
　8.2.7　ホルマントをソナグラム上に表示する ………………………………… 120
　8.2.8　複数の分析結果を表示させて観測する ………………………………… 122
8.3　分析結果を数値データとして利用する ……………………………………… 125
　8.3.1　分析結果をファイル保存するには ……………………………………… 125
　8.3.2　数値データの利用 ………………………………………………………… 130

9. いろいろな声や音を分析する

9.1　歌声を分析する ………………………………………………………………… 132
　9.1.1　波形および波形包絡 ……………………………………………………… 132
　9.1.2　スペクトル ………………………………………………………………… 134
　9.1.3　基本周波数 ………………………………………………………………… 135
　9.1.4　ホルマント ………………………………………………………………… 137
　9.1.5　マライア・キャリーの声 ………………………………………………… 138
9.2　ホーミーの声 …………………………………………………………………… 140
9.3　ひそひそ声を分析する ………………………………………………………… 142
9.4　腹話術の声を分析する ………………………………………………………… 144

付録 CD-ROM について

付1.　CD の 内 容 ………………………………………………………………… 150

付1.1 ルートディレクトリに格納されているファイル ……………………………150
付1.2 〈Acroread〉ディレクトリ ……………………………………………………151
付1.3 〈Mannual〉ディレクトリ ……………………………………………………151
付1.4 〈Sample〉ディレクトリ ………………………………………………………151
付2. CDの使い方 ……………………………………………………………………152
付2.1 音声工房 Pro 試用版の組込み ………………………………………………152
付2.2 音声工房 Pro 試用版の起動 …………………………………………………152
付2.3 Acrobat Reader の利用 ………………………………………………………152
付2.4 音声データの利用 ……………………………………………………………153

参 考 文 献 ……………………………………………………………………………154
索   引 ……………………………………………………………………………155

付録 CD-ROM について

　付録の CD-ROM には，本書に記述されているソフトウェア音声工房 Pro の試用版（インストール後 60 日間使用可能），音声工房 Pro のマニュアル，マニュアルを閲覧するためのソフトウェア Acrobat Reader および実例としてあげた音声データが収録されています（詳しい使い方は巻末付録を参照してください）。
　なお，ご使用に際しては，以下の点を留意してください。
・本ソフトウェアは，Windows 95/98/ME/NT4.0/2000/XP が組み込まれたコンピュータで動作します。
・本ソフトウェアのコピーを他に配布することはできません。
・本ソフトウェアを使用することによって生じた損害等については，著作者および株式会社コロナ社は一切の責任を負いません。
・本ソフトウェアについてのお問合せは，E-mail にて，著作者（sgb01741@nifty.ne.jp）宛にお願いいたします。

・Microsoft, Windows は，米国 Microsoft Corporation の登録商標または商標です。
・Adobe, Acrobat は，Adobe System Incorporated の商標です。
Acrobat Reader Copyright © 1987-1999 Adobe Systems Incorporated, All rights reserved.
・音声工房は，NTT アドバンステクノロジ株式会社の登録商標です。
・そのほか，記載されている会社名，製品名は，各社の商標または登録商標です。
・記載にあたっては，TM，®のマークは省略しています。

1. パソコンと音響機器の接続

パソコンを録音再生機として使用するためには，若干の音響機器を用意しパソコンに接続しなければならない場合がある。パソコンに付属のものだけで，特別な機器は何もいらない場合もある。その状況は，パソコンのタイプ，機種，オプションの購入状況によって異なる。また，購入時にパソコンに組み込まれていた機器や，付属品・オプション品では，性能的に不満足な場合があり，ユーザが別途個別に購入して，組み込んだり接続したりする場合もある。

1.1 サウンドカード

1.1.1 サウンドカードとは

パソコンで録音再生するためには，パソコンにサウンドカードが装備されていなければならない。サウンドカードは，サウンドボードなどとも呼ばれる。ここで，カードとかボードというのは，印刷配線基板（IC などが搭載され，結線が印刷された板）のことである。すなわち，サウンド（音）機能を扱うための印刷配線基板のことである。

1.1.2 サウンドカードの形態

サウンドカード（あるいは，サウンド機能）は，いろいろな形態でパソコンに実装されている。代表的なものは，以下のとおりである。

〔1〕 メインボード上の一部

パソコンの主要部品（CPU，制御用 IC，など）が搭載されている印刷配線基板をメインボード（あるいはマザーボード）と呼んでいる。マザーボード上のある部分に，サウンド機能のための電子部品を搭載している場合がある。ノートブックパソコン（以下，ノートパソコンと呼ぶ）は，大概そうであるし，最近のデスクトップパソコンも，このタイプが増えている。

図 1.1 は，デスクトップパソコンのマザーボードの一部を撮影したものである。5 本の白いエッジコネクタの右にある長方形の IC には，サウンドカードのメーカである Creative 社の名前が印字されており，この周辺にサウンド機能が配置されていることがわかる。

2　　1. パソコンと音響機器の接続

図1.1　デスクトップパソコンの内部

〔2〕 拡 張 ボ ー ド

　デスクトップパソコン（据え置き型のパソコンのことで，箱型のものと，タワー型のものがある）には，通常，拡張スロットと呼ばれる空きスペースがある。拡張スロットには，拡張ボードと呼ばれる印刷配線基板を数枚挿入することができる。拡張ボードは，パソコンの拡張用バス（母線：パソコン内で高速にデータを送受するための幹線のようなもの）を通して，新しい機能を追加するもので，各種機能のものが，パソコンメーカからオプション品として販売されているほか，専門のメーカからも販売されている。

　Windowsパソコン用のバスとして，やや低速のISAバスと高速のPCIバスがある。図1.1に示したデスクトップパソコンには，5本のPCIバス用スロット（写真の白いエッジコネクタ）と，1本のISAバス用スロット（写真では最下部の黒いエッジコネクタ）が備わっている。下から2番目のPCIスロットには，LANカードが実装されている（LAN：local area network）。

　拡張ボードとしてのサウンドカードも，各バス用のものが市販されている。NECのPC-9821シリーズパソコン用には，通常Cバスと呼ばれる汎用拡張スロット用のものと，PCIバス用のサウンドカードが市販されている。

　図1.2に，ISAバス用のサウンドカードの例（Turtle Beach Systems社のtahiti）を示す。図1.3には，PCIバス用のサウンドカードの例（Creative Technology社のSound Blaster Live !）を示す。また，図1.4には，Cバス用のサウンドカードの例（NECのPC 9821-86）を示す。

　Windowsパソコン用のサウンドカードとして，Creative Technology社のSound Blasterシリーズが有名である。そして，そのボードとインタフェース条件を合わせたボードは，他社からSound Blaster互換という仕様で販売されている。

1.1 サウンドカード　3

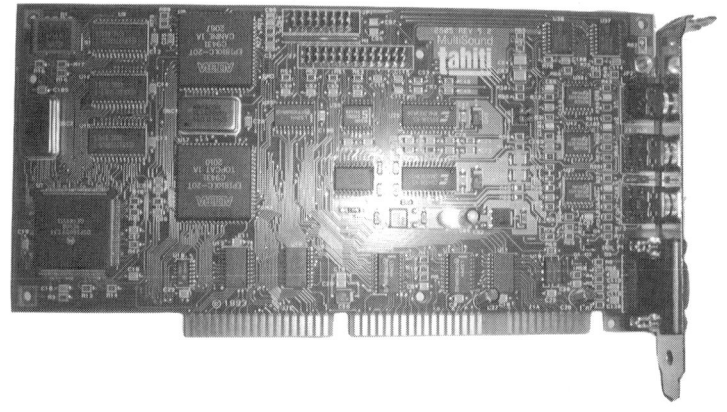

図 1.2　ISA バス用のサウンドカードの例

 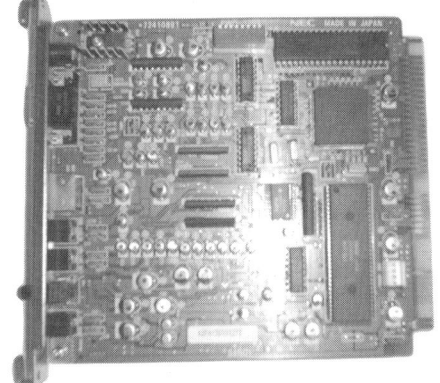

図 1.3　PCI バス用のサウンドカードの例　　　図 1.4　C バス用のサウンドカードの例

〔3〕 **PCMCIA カード**

ノートパソコン用に，PCMCIA（Personal Computer Memory Card International Association）という国際規格の（名刺サイズの）カードがある。最近は販売されている種類が少ないが，サウンド機能を，この PCMCIA カードに組み込んだものがある。図 1.5 にその例（松下電器の Sound Card CF-VEW 211）を示す。図では，付属の IO ボックスをサウンドカードに接続している。この IO ボックスにオーディオ機器を接続する。

〔4〕 **USB 経由のサウンドユニット**

最近のパソコン（ノートパソコン，デスクトップ型とも）には，USB（universal serial bus）と称するバスが装備されるようになってきた。このバスは，その名のとおりシリアル（信号線が 1 本。ISA とか PCI は複数本）のバスであるが，かなり高速に信号を送受できるもので，このバスをサポートする周辺機器が増加傾向にある。

1998 年ごろから，USB 対応のサウンドカード（というより，サウンドユニット）が発売

4 1. パソコンと音響機器の接続

図1.5 PCMCIA型のサウンドカードと付属のIOボックス

図1.6 USB接続用のディジタルオーディオインタフェースユニットに携帯型のDATレコーダを接続した例

されだした。その一つは，USB対応のA-D変換器，およびD-A変換器である。ほかには，USB対応のディジタルオーディオインタフェースユニットがあり，DAT（ディジタルオーディオテープ）デッキなどを接続し，DATデッキのA-D/D-A変換機能を利用して，録音再生するものである。ここに，A-D変換というのは，アナログ信号をディジタル信号に（analog to digital）変換することであり，D-A変換というのは，ディジタル信号をアナログ信号に（digital to analog）変換することである。

図1.6に，USB対応のディジタルオーディオインタフェースユニットの例（カノープス電子のDA-port USB）を示す。この図では，DA-port USBとDAT Walkman（ソニー製）を光ケーブルで接続している。

〔5〕そ の 他

そのほかには，SCSI（small computer system interface），GP-IB（general purpose interface bus），あるいはセントロニクス（Centronics）インタフェースのサウンドユニットもあるが，これらはプロ用またはやや特殊なものである。

1.1.3 サウンドカードの中身

それでは，サウンドカードの中身はどうなっているのか説明する。サウンドカードの一般的な機能ブロック構成を図1.7に示す。

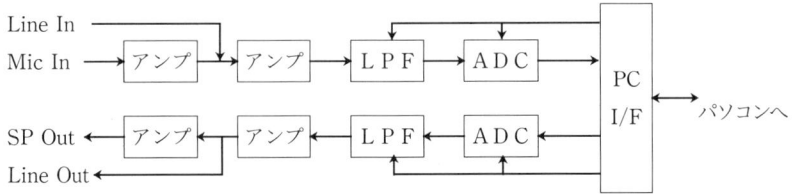

図1.7 サウンドカードの機能ブロック構成

Line In（ライン入力）あるいは Mic In（マイク入力）端子から入った信号は，アンプ（増幅器：amplifier）により適正な振幅にされたのち，LPF（低域フィルタ：low pass filter）に入れられ，その出力が ADC（A-D 変換器：analog to digital converter）でディジタル信号に変換され，PC-I/F 部（パソコンインタフェース部）を経由して，パソコンに送られる。

一方，パソコンからのディジタル信号は，PC-I/F 部を経由して，DAC（D-A 変換器：digital to analog converter）に入れられ，アナログ信号に変換される。DAC の出力は，LPF で不要な成分を除去されたのち，アンプを通って，SP Out（スピーカ出力）端子，あるいは Line Out（ライン出力）端子に出力される。

なお，パソコンで設定した標本化周波数（後述）は，PC-I/F 部を経由して ADC および DAC に送られ，その周波数でサンプリング（標本化）するように制御される。

また，LPF の切断周波数は，標本化周波数の半分程度に設定される。

1.1.4 サウンドカードの組込み状況を調べる

あなたのパソコンにサウンドカードが組み込まれているか，組み込まれているならどのような製品であるか，を調べる方法を説明する。

Windows XP から，［スタート］ボタンを押し，メニューの右中ほどの［コントロールパネル］を選択する。【コントロールパネル】の表示を，左欄の［クラシック表示に切り替える］を押して，アイコン表示にする。［サウンドとオーディオデバイス］のアイコンを選んでダブルクリックする。【サウンドとオーディオデバイスのプロパティ】という窓が開き，図 1.8 に示すような表示になる（Windows のバージョンにより若干異なる）。

この表示において，［再生］の［優先するデバイス］欄に表示されているのが，現在再生用に設定されているサウンドカードの機種である。図 1.8 の例では

   SB 16 WAVE 出力（220）

と表示されている。これは，Sound Blaster 16 というサウンドカードの WAVE 出力という機能を使用している，という意味である（220 は I/O アドレスである）。

また，［録音］の［優先するデバイス］欄には

   SB 16 WAVE 入力（220）

と表示されており，Sound Blaster 16 というサウンドカードの WAVE 入力という機能が録音用に設定されていることを示している。

これらの［優先するデバイス］表示欄の右方に，下矢印（▼）がある。これをクリックすると，あなたのパソコンに組み込まれているすべての再生デバイスおよび録音デバイスが表示される。

6   1. パソコンと音響機器の接続

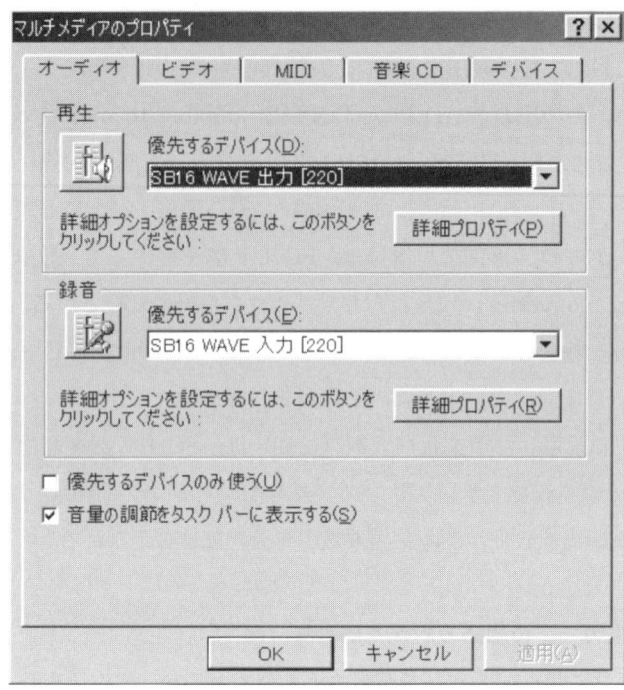

図 1.8　コントロールパネル中のマルチメディアのプロパティの設定画面

　複数のデバイスが登録されていると，ここにそれらが表示され，そのなかから選択して［優先するデバイス］を設定することができる．なお，パソコンにサウンドカードが実装されていても，その制御ソフト（デバイスドライバ）が組み込まれ，正しく設定されていないと，この欄には表示されない．

　ここで，デバイスというのは，機能ごとに分けたパソコン周辺装置のことである．サウンドカードは，録音，再生の機能のほかに，MIDI（musical instrument digital interface）機能もあり，各機能をデバイスと呼んでおり，それを制御するソフトウェアをデバイスドライバと呼んでいる．

　組み込まれているサウンドカードをパソコンシステムの構成の観点から調べるには，つぎのようにする．【コントロールパネル】の［システム］を開くと，【システムのプロパティ】窓が現れる．［ハードウェア］タブを選択し，［デバイスマネージャ］の欄の［デバイスマネージャ］ボタンを押すと，図 1.9 のような画面が現れ，あなたのパソコンに接続されているすべてのデバイスが表示される．

　サウンドカードの制御ソフトは，このなかの［サウンド，ビデオ，およびゲームのコントローラ］に登録されている．そのアイコン左方の＋印をクリックすると，組み込まれているサウンドカードの種類が，図 1.10 のように表示される．

1.1 サウンドカード　7

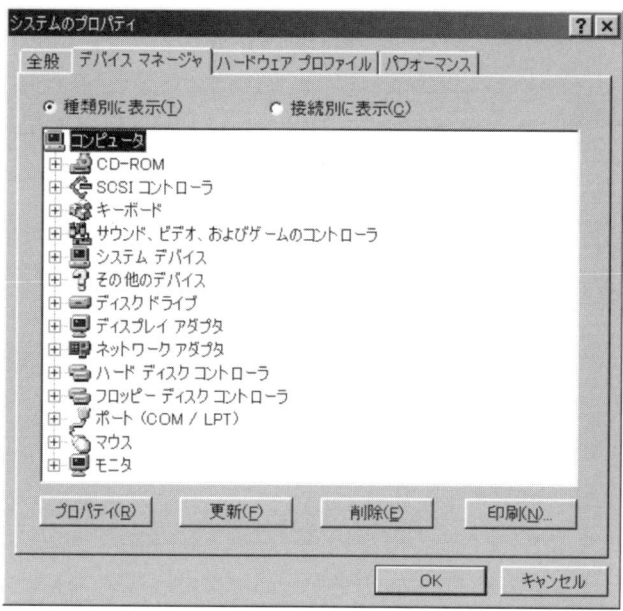

図 1.9　コントロールパネル中のシステムプロパティの表示画面

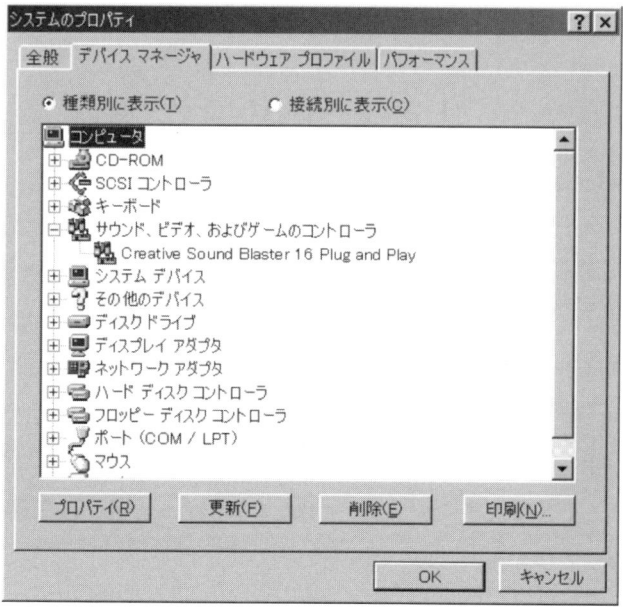

図 1.10　パソコンに組み込まれているサウンドデバイスを表示させる

あるカードをマウスの右クリックで選択し，[プロパティ]ボタンを押すと，そのカードに関する情報が，図 1.11 のように表示される。各タブに表示される内容は，やや専門的であるので，ここでは省略する（ここの内容を不用意に変更すると，音が出なくなることもあるので，注意のこと）。

8   1. パソコンと音響機器の接続

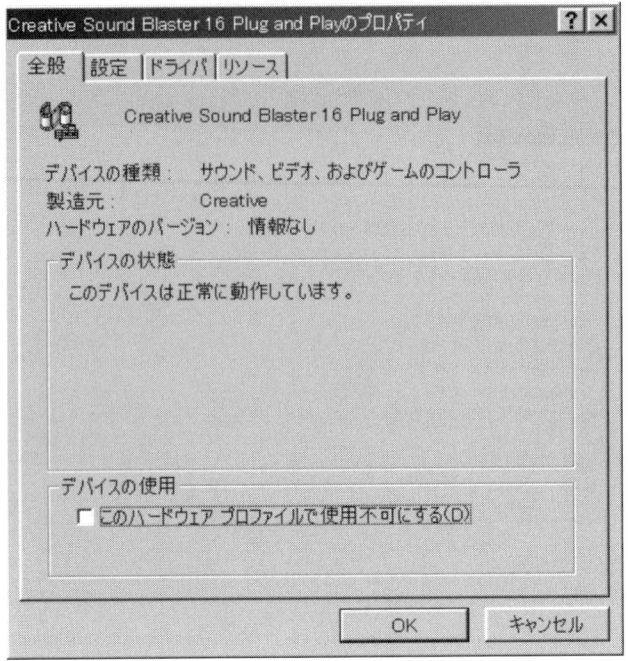

図1.11　サウンドカードのプロパティを表示させる

1.2　ノートパソコン

1.2.1　ノートパソコンのサウンド機能

　最近のノートパソコンには，サウンド機能が内蔵されている場合が多い。また，小さなスピーカがノートパソコン本体に装備されており，警告音などを再生できる機種が増えている。さらに，本体にマイクロホンを備えたノートパソコンもあり，その場合は，パソコンだけで録音・再生が可能であり，一見便利そうに思える。

　ノートパソコンに組み込まれているサウンド処理部の性能は，一般的には，あまり高くなく，かつマイクロホンから少し離れて収音すると，よい音を録音することはできない。また，備えられている小さなスピーカでは，十分な音響出力をとれず，音量を上げようとしても，歪んだ音になってしまう。

　したがって，ノートパソコンでよい音を録音・再生しようと望む場合は，マイクロホンおよびスピーカとして外付け（内蔵の反対語）のものを使う，さらには，サウンドカードとしても別のもの（PCMCIAタイプあるいはUSB接続）を使うなどの工夫が必要である。

1.2.2　サウンド機能の特性

　ここで，市販されているいくつかのノートパソコンについて，サウンド機能の特性を測定

した結果をご覧に入れよう．**表1.1**には，各ノートパソコンについて，マイク入力系とスピーカ出力系のSN比（信号対雑音比．この値が大きいほうがよい．エスエヌ比と読む），ライン入力系がある場合は，そのSN比の測定結果を表にしている．

表1.1 ノートパソコンのサウンド機能の性能比較

メーカ	型名	サウンド処理系 SN 比〔dB〕			注記
		マイク入力系	ライン入力系	出力系	
D	Lattitude Cpi	28	33	48	
F	BIBLO	36	—	45	
I	ThinkPad 560E	39	—	46	販売完了
I	ThinkPad T22	57	58	61	
Ma	Let's Note	35	—	54	
Mi	Pedion M3041	31	—	39	1998年販売完了
T	Dynabook 200CS	37	53	63	販売完了
T	Dynabook 4060X	36	50	74	
Creative	SB Live!	63	78	73	デスクトップ用ボード

比較のために，デスクトップパソコン用で最高の特性をもつサウンドカードの測定結果を最下段に示しておく．ノートパソコンの機種により性能に差があるとともに，デスクトップ用より性能が劣っていることがわかる．

参考のために，上記した性能の測定法を記述しておこう．必要がなければ，読み飛ばしてよい．

入力系については，ほぼフルスケール振れるように録音ボリュームを設定しておき，マイクまたはラインから信号を入力して録音するとともに，マイクスイッチをオフにするなどして入力系を切った状態（雑音）でも録音する．信号と雑音の録音レベルの差が入力系のSN比になる．

出力系については，後述の音声工房というソフトウェアで，つぎのような信号を作成して測定している．すなわち，フルスケールの振幅に振れる信号と，振幅が完全に0である無音からなる信号を作成し，これを測定対象のパソコンのサウンド出力系から再生し，DAT（ディジタルオーディオテープ）レコーダで録音する．このデータをパソコンにディジタル転送し（したがって，他の雑音が入り込まない），音声工房を用いて信号部と無音部のレベルを測定し，その差から出力系のSN比を求める．

1.2.3 音響機器の接続

ここでは，ノートパソコンに音響機器を接続して，サウンドの再生および録音ができるようにする方法について説明する．なお，パソコンのメーカおよび機種により具備機能や表示法が異なる場合があるので，詳しくはパソコン付属の説明書を参照されたい．

通常，ノートパソコンにはサウンド再生系として，小型の内蔵スピーカと出力端子が備えられている。機種によっては，音量調整用のボリュームが付いているものもある。図1.12にその例を示す。

この例では，内蔵スピーカはモノラルであるが，機種によってはステレオの場合もある。出力端子は，ヘッドホン出力とライン出力を兼用したものが多く，スピーカまたはヘッドホンのマークが付与されている。端子はステレオミニジャックになっており，プラグを挿入すると，内蔵スピーカが切断するようになっている。

出力端子には，以下のものが接続できる。

- （ステレオの）ヘッドホンまたはイヤホン
- アンプ内蔵のスピーカ
- オーディオアンプ，DATデッキなどのライン入力端子

なお，スピーカそのものを接続しても十分な音量を得られず，またインピーダンスが整合しないので接続するのはよくない。アンプ内蔵スピーカを接続する場合，音響出力1W（ワット）程度以上のものがよいであろう。

一方，ノートパソコンにはサウンド入力系として，マイク入力端子が装備されている。機種によっては，ライン入力端子が付いている場合もある。図1.13に，あるノートパソコンのサウンド入力端子を示す。この例では，マイク入力とライン入力の両方が装備されている。

ノートパソコンの場合，小さく軽く構成するために，マイク入力系に混入する電気的な雑音を防ぎきれず，マイク入力系として十分なSN比をとることができない。パソコンにライン入力端子がある場合は，マイクロホンの出力をいったんマイクアンプで増幅したのち，ライン入力端子に入れたほうが，高いSN比をとれる可能性がある。

マイク入力端子は，通常ステレオのミニジャックになっており，マイクロホンのマークが

図1.12 ノートパソコンのサウンド出力端子と内蔵スピーカの例

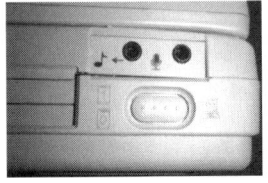

図1.13 ノートパソコンのサウンド入力（マイク，ライン）端子の例

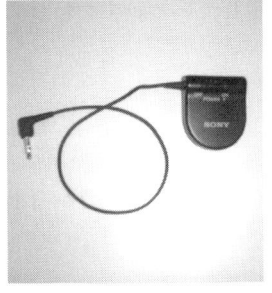

図1.14 バッテリボックスの例（エレクトレットマイクをplug-in power未対応のパソコンに接続する際に使用する）

付いている。また，マイク入力端子は，通常プラグインパワー（plug in power）仕様になっており，エレクトレットコンデンサマイクロホンを接続する場合，それに電源を供給することができるようになっている。パソコンの機種（日本IBM社のThinkPadなど）によっては，プラグインパワー仕様になっていない場合がある。その場合は

- 電源の不要なダイナミックマイクロホンを使う
- バッテリボックスを介してエレクトレットコンデンサマイクロホンを使う

などする。なお，エレクトレットコンデンサマイクロホンの種類によっては，バッテリボックスが付属している場合がある。図1.14に，バッテリボックスの例を示した。

マイク入力端子は，微弱な電気信号を入力する端子なので，DATデッキやアンプなどのオーディオ機器のラインアウト端子や，特にスピーカ端子の出力など大きな電圧が出る信号を与えない。

ライン入力端子は，図1.12, 図1.13に示したように，通常ステレオのミニジャックになっている。通常，矢印がなかに向かう印により，ラインイン端子であることを表している（図1.13の左上の端子は，マークからは判定しにくいが，ライン入力端子である）。ライン入力端子には，オーディオアンプやDATデッキのライン出力端子，あるいはマイクロホンアンプの出力端子を接続できる。マイクロホンそのものを接続しても，増幅度が足らず，十分な電圧まで増幅されない。

1.2.4 サウンドカードを外付けする

ノートパソコンにサウンドカードを外付けする方法として

- PCMCIAのサウンドカードを用いる
- USB経由でサウンドユニットを接続する

という二つの方法がある。電気的雑音の激しいパソコン本体からA-D/D-A変換器を遠ざけることができるので，アナログ入出力系の特性改善も期待できる。

1.3 デスクトップパソコン

1.3.1 デスクトップパソコンのサウンド機能

従来のデスクトップパソコンでは，サウンド機能は拡張ボードの形で提供される場合がほとんどであった。しかし，最近のデスクトップパソコンでは，サウンド機能は内蔵されており，かつマザーボードに組み込まれている場合が増えてきている。そのサウンド機能の性能は，従来よりかなり改善されており，通常の録音再生には十分使用できるものになっている。

特別に高い性能を必要とする場合や，ディジタルでのサウンド入出力など特別な仕様が必要な場合には，専用のサウンドボードをデスクトップパソコンに組み込むことができる。

1.3.2 音響機器の接続

ここでは，デスクトップパソコンに音響機器を接続して，サウンドの再生および録音ができるようにする方法について説明する。なお，パソコンのメーカおよび機種により具備機能や表示法が異なる場合があるので，詳しくはパソコン付属の説明書を参照されたい。

サウンド機能が内蔵されているデスクトップパソコンの背面には，通常
・ライン出力端子
・マイク入力端子
・ライン入力端子

が備わっている。

図 1.15 は，あるデスクトップパソコンのサウンド入出力端子の部分（右下の 3 個の丸い端子）を示したものである。波面（後述）から矢印が出ているマークの端子がライン出力端子であり，波面に矢印が入っているマークの端子がライン入力端子，マイクロホンのマークが付いた端子がマイク入力端子である。

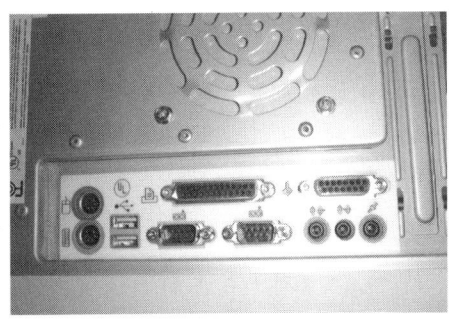

図 1.15　デスクトップパソコンのサウンド入出力端子の例（右下の部分）

通常，デスクトップパソコンにはサウンド再生系として，小型の内蔵スピーカとライン出力端子が備えられている。ライン出力端子は，通常ステレオミニジャックになっている。

ライン出力端子には，以下のものが接続できる。
・（ステレオの）ヘッドホンまたはイヤホン
・アンプ内蔵のスピーカ
・オーディオアンプ，DAT デッキなどのライン入力端子

なお，スピーカそのものを接続しても十分な音量を得られず，またインピーダンスが整合しないので接続するのはよくない。アンプ内蔵スピーカを接続する場合，音響出力 1 W 程度以上のものがよいだろう。

マイク入力端子は，通常，ステレオのミニジャックになっている。機種によっては，モノラルになっているものもある。デスクトップパソコンのマイク入力端子は，通常プラグインパワー仕様になっていない。したがって，エレクトレットコンデンサマイクロホンを接続する場合は，図1.14に示したようなバッテリボックスを使う必要がある。ダイナミックマイクロホンの場合は，そのまま接続できる。

マイク入力端子は，微弱な電気信号を入力する端子であるから，DATデッキやアンプなどのオーディオ機器のラインアウト端子や，特にスピーカ端子の出力を与えてはならない。ライン入力端子も，通常ステレオのミニジャックになっている。ライン入力端子には，オーディオアンプやDATデッキのライン出力端子，あるいはマイクロホンアンプの出力端子と接続できる。マイクロホンそのものを接続しても，十分には増幅されず，精度が確保できない。

2. Windowsで音を再生する

> Windowsを立ち上げた際に，パソコンから「ジャララーン」という音が出る。これは，あらかじめ録音（あるいは作成）しておいた音を，立上げの際に再生するように仕組んであるためである。
>
> 本章では，指定したサウンドファイル（音のデータが入ったファイル）を再生する方法について説明し，ついで録音する方法について説明する。

2.1 Windows付属のソフトを使って

Microsoft Windowsには，音を再生するソフトが添付されている。そのようなソフトとして，メディアプレーヤおよびサウンドレコーダがある。メディアプレーヤは，オーディオ，ビデオ，および混合した情報を再生するソフトウェアである。これに対して，サウンドレコーダはサウンドを録音したり，サウンドファイルを再生するソフトウェアである。ここでは，サウンドレコーダを用いて，音を再生する方法を紹介する。

Windowsパソコンにおいて，最も簡単にサウンドファイルを再生する方法は，ファイル名の拡張子として.wavが付与されたサウンドファイルをダブルクリックすることだ。この操作をすると，Windows 95/98のもとでは【サウンドレコーダ】が，Windows XPでは【Windows Media Player】が起動して指定されたサウンドファイルを再生する。

Windows 98のもとで，この動作を実際に試してみよう（Windows XPでは，Windows Media Playerの起動に時間がかかり，迅速に動作しない）。まず，再生するサウンドファイルを検索することから始める。【エクスプローラ】を立ち上げ，メインメニューから［ツール｜検索｜ファイルやフォルダ］†を指定する。

図2.1に示す［検索］の窓が現れるはずだ。［名前と場所］のタブが選択された状態で，［名前］の欄には，*.wav（大文字でも可。ただし，半角文字で）と，［探す場所］には，Windowsのシステムが収容されているドライブ（通常，c：）を指定する。［サブフォルダも探す］のチェックボックスにはレ印を入れて，［検索開始］ボタンを押す。

---

† ［ツール｜検索｜ファイルやフォルダ］を指定するというのは，［ツール］というメニュー項目を左クリックし，現れるサブメニューの［検索］という項目をクリックし，さらに［ファイルやフォルダ］を指定するということである。簡単のために上記のように，［　］内に縦線｜を挟んで続けて記すこととする。

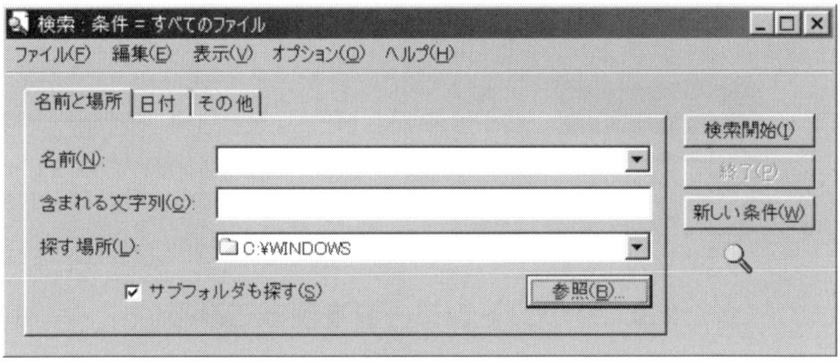

2.1 Windows付属のソフトを使って 15

図 2.1 サウンドファイルを検索するには

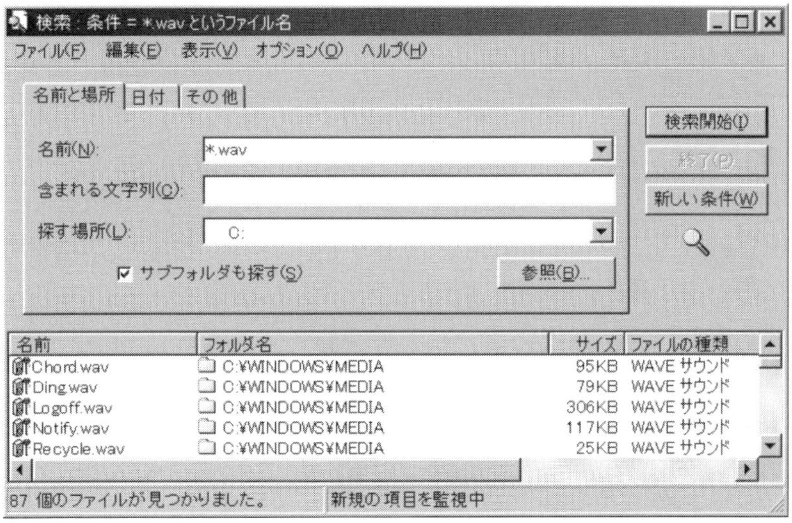

図 2.2 拡張子 .wavを有するファイルの検索結果

　上記操作により，拡張子が .wav であるファイルが検索され，その情報が**図 2.2**のように表示される。

　ここで，すでに登録されている拡張子は表示されない設定になっていると，検索結果には拡張子の .wav は，表示されない。このようにして検索されたファイルのどれかを，ダブルクリックする。

　図 2.3に示すサウンドレコーダというソフトウェアが立ち上がり，波形を表示しながら，指定したファイルが再生される（ファイルによっては，波形が表示されないものもある）。再生が終了すると，サウンドレコーダの画面は消え去ってしまう。

　なお，拡張子と処理ソフトウェアの対応付け（関連付けという）は，ユーザが変更することができるので，例えば，ファイル名をクリックすると，他のソフトウェア，例えば音声工房を立ち上げ，そのファイルを開くように変更することもできる。

16   2. Windowsで音を再生する

図 2.3　Windows付属のサウンドレコーダを
　　　　起動しサウンドファイルを再生する

2.2　サウンドレコーダを使ってみる

　ここでは，Windows付属のサウンドレコーダの使い方を紹介する。ヘルプも付属しているが，やや使いにくソフトと思われるかもしれない。サウンドレコーダを使うつもりのない方は，この節を飛ばしてもよい。

2.2.1　起　　　　動

　サウンドレコーダを立ち上げるには，Windows XPでは，［スタート｜すべてのプログラム｜アクセサリ｜エンターテイメント｜サウンドレコーダ］を選択し，Windows 98では，［スタート｜プログラム｜アクセサリ｜エンターテイメント｜サウンドレコーダ］を選択する。これにより，図2.4に示す窓が現れる。まだ，ファイルを読み出していないので，再生のボタンは選択できず，録音のための赤ボタンが選択できる状態になっている。

図 2.4　サウンドレコーダの初期画面

2.2.2　機　　　　能

　サウンドレコーダはWindows付属のおまけのソフトウェアであるが，ちょっと面白い機能も付いている。
　まず，録音および再生の機能がある。録音では，符号化方式，標本化周波数，符号化精度，を指定できる。符号化の情報速度に従って，録音できる時間長が異なる。再生には中断・再開の機能が付いている。
　編集機能として，指定位置までのデータを削除する，指定位置以降のデータを削除する，指定位置からデータを挿入する，二つのサウンドデータをミキシングする，などの機能を有

している。

また，エフェクタ（効果音）の機能として，音量の増減，再生速度（および音の高さ）の変更，エコーの付与，逆転再生，などを備えている。

2.2.3 再　　　生

サウンドレコーダでサウンドファイルを再生するには，つぎの手順で行う。

① ［ファイル｜開く］を指示すると，**図2.5**に示す【ファイルを開く】というウィンドウ（このようなウィンドウをダイアログボックス，あるいは単にダイアログと称する）が現れる。ここで，再生したいWAVファイル（拡張子が.wavであるファイル）を探索・選択して，［開く］ボタンを押す。

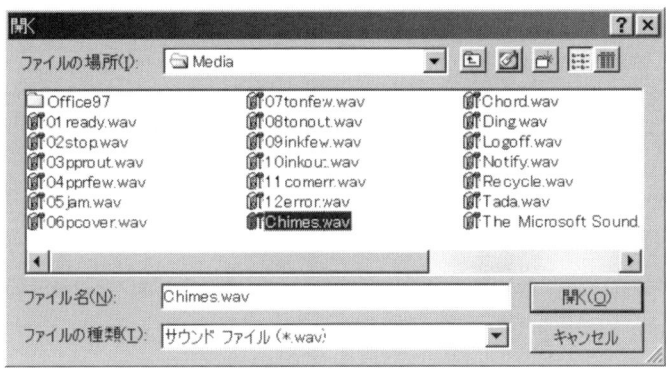

図2.5　再生するファイルを指定する

② もとのサウンドレコーダの画面に戻り，選択されたサウンドファイルの名前が，最上行のタイトルバーに表示される。

③ テープレコーダと同じ右矢印の再生ボタンを押すと，再生が始まる。

④ 途中で，四角印の停止ボタンを押すと，再生動作が停止する。再度，再生ボタンを押すと，その位置から再生を続行する。

⑤ 巻戻しボタンを押すと開始位置に戻り，早送りボタンを押すと終了位置まで移動する。

⑥ スライダのつまみをマウスドラッグすると，指定の位置まで移動することができる。

⑦ 再生音量を調整するには，i）まずは，アンプ内蔵スピーカのボリュームなどで行う。ボリュームが足りない場合には，ii）画面最下段のタスクバーの右方にあるスピーカアイコンを（シングル）クリックする。**図2.6**に示すスライダのつまみをマウスドラッグして上下させると音量の調整ができる。

ときには，上記の操作でも音量が十分でない場合がある。そのときは，iii）タスク

18　　　2. Windowsで音を再生する

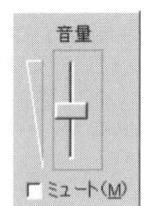

図 2.6 再生音量を調整するスライダ

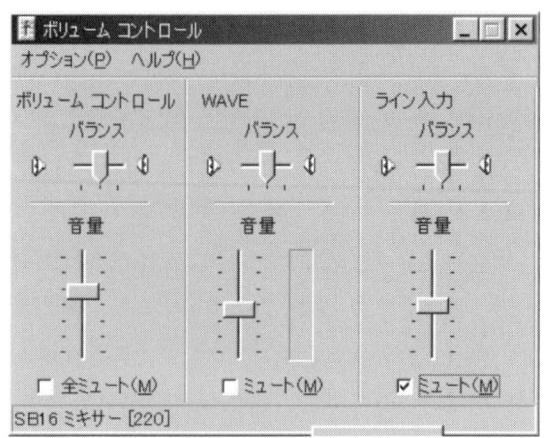

図 2.7 再生の設定をボリュームコントロールで確認する

バーのスピーカアイコンをダブルクリックする。図 2.7 に示す（パソコン機種および設定により異なる）ような【ボリュームコントロール】が現れる。ここに表示された［WAVE］のスライダつまみが最低の位置になっていたり，［ミュート］欄にチェックが付いていたりすると，［ボリュームコントロール］のスライダつまみを上げても十分な音量にはならない。iv）なお，［サウンドレコーダ］の［エフェクタ｜音量を上げる/下げる］は，サウンドファイルの振幅を増減させるもの（後述）なので，音量調整には使用しないほうがよい。

2.2.4　録　　　音

サウンドレコーダで録音するには，つぎの手順で行う。

① まず，［ファイル｜新規］を指示する。【サウンドレコーダ】のタイトルバーには，ファイル名の箇所に［サウンド］と表示されるようになる。

② ［ファイル｜プロパティ｜いますぐ変換］を押して，図 2.8 の【サウンドの選択】画

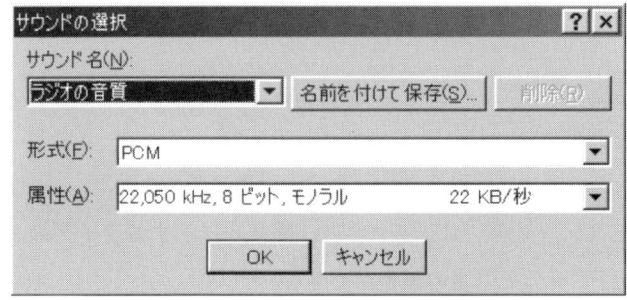

図 2.8　サウンドを録音する条件を設定する

面を表示させる。

ここで，符号化形式を［形式］欄から，サンプリングのレートと精度を［属性］欄から選択する。音声の録音の場合は，［形式］として［PCM］，［属性］として［22.050 kHz，16 ビット，モノラル］程度を選べばよい。選択が終了すれば，［OK］ボタンを押して，［サウンドのプロパティ］画面を消す。

なお，上記の［形式］および［属性］の意味，および選択の理由については，のちほど詳しく説明する。

③　ついで，タスクバーのスピーカアイコンをダブルクリックして，【ボリュームコントロール】を表示させる。ついで，［オプション｜プロパティ］を選択して，図 2.9 の【プロパティ】ダイアログを表示させる。

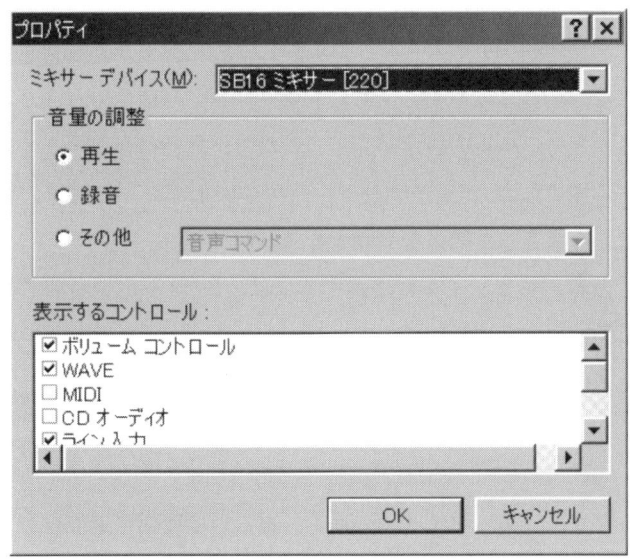

図 2.9　サウンド録音に用いる入力系を選択設定する

このダイアログにおいて，まず［音量の調整］対象として［録音］を選ぶ。ついで，［表示するコントロール］のなかから，［録音の調節］と［ライン入力］と［マイク］を選び，［OK］ボタンを押す。そうすると，図 2.10 に示す【録音の調節】ダイアログが現れる。マイクロホンから録音する場合は，［マイク］セクションの［選択］欄にチェックを入れ，テープデッキなどからの信号を録音する場合は，［ライン入力］セクションの［選択］欄にチェックを入れる。

④　この状態で，入力レベルのチェックを行う。［サウンドレコーダ］の録音ボタン（赤丸）を押した後，発声するなりして信号を入力する。その際に［録音の調整］セクションの［音量］欄右側のレベルメータを観測する。このレベルメータは，レベルが大きく

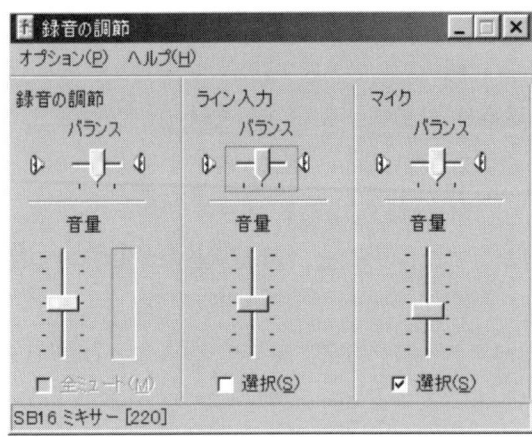

図 2.10 録音入力系の選択と音量の設定

なるにつれ，下から緑，薄緑，黄，赤色のバーが並ぶようになっている．赤色のバーが出るようなら，[音量]のスライドつまみを下方にドラッグする．逆に，緑色のバーしか出ないようなら，つまみを少し上方にドラッグして，黄色のバーがときどき出るくらいに設定する．入力レベルの設定が完了したなら，最初に巻き戻して，改めて発声あるいは入力する．発声/入力が完了すれば，四角の停止ボタンを押す．巻き戻して再生ボタンを押せば，今録音した結果を受聴することができる．

⑤　いま録音した音声をファイルに格納するには，[ファイル | 名前を付けて保存]を指定して，【名前を付けて保存】ダイアログを出し，[保存する場所]および[ファイル名]を指定して保存する．

2.2.5 追 加 録 音

サウンドレコーダでは，あるファイルの途中，あるいは後部に追加録音することが簡単にできる．その手順はつぎのとおりである．

①　追加対象のサウンドファイルを，[ファイル | 開く]を指示して，【開く】窓で指定する．

②　再生ボタンを押したのち追加位置で停止させるか，スライダつまみを追加位置までドラッグさせる．ファイルの後部に追加する場合は，[早送り]ボタンを押せばよい．

③　その状態で，[録音]ボタンを押し，録音操作をする．これまでのファイルの途中/後部に録音されていく．発声/入力が完了すれば，停止ボタンを押す．[巻き戻し]て[再生]すれば，もとのファイルに続き，追加された音声が聞こえるはずである．

④　追加録音の結果がよくない場合は，[ファイル | 最初の状態に戻す]を指定し，**図 2.11** の確認画面に[はい]で答えると，追加録音前の状態に戻る．改めて追加録音すればよい．

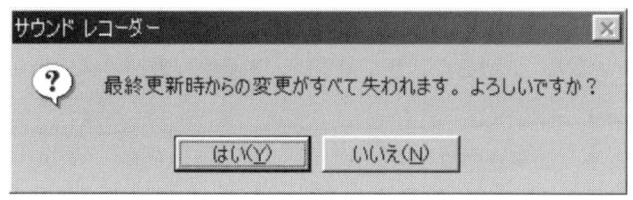

図 2.11　追加録音のやり直しの指定

⑤　追加録音された結果は，［ファイル｜名前を付けて保存］する。

2.2.6　サウンドファイルの編集

サウンドレコーダでは，若干の編集機能が付属している。波形を表示した状態での編集操作ではないので，やや使いにくいかもしれない。［編集］メニューを指示すると，**図 2.12** のようにメニュー項目が表示される。なお，波形が選択されているかどうかなどにより，薄色で表示され選択できない項目もある。

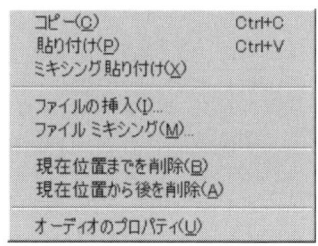

図 2.12　サウンドレコーダに備わる編集機能

［編集｜コピー］は，現在サウンドレコーダに読み込まれ（編集され）たサウンドデータをクリップボード（と呼ばれる Windows システム内のバッファ領域）に格納する機能である。逆に，［編集｜貼り付け］は，クリップボードのサウンドデータを指定位置から挿入する。［編集｜ミキシング貼り付け］を指定した場合は，クリップボードのサウンドデータと指定位置以降のサウンドデータがミキシング（加算）される。

［編集｜ファイルの挿入］は，ファイルのサウンドデータを指定位置から挿入する。［編集｜ファイルミキシング］は，ファイルのサウンドデータと指定位置以降のサウンドデータがミキシング（加算）される。

［編集｜現在位置まで削除］および［編集｜現在位置から後を削除］というメニュー項目における［現在位置］というのは，サウンドファイルにおけるスライダつまみの位置のことを指す。この位置は，スライダつまみをドラッグする，あるいは再生中に停止ボタンを押す，などにより変化する。

上記の編集結果を破棄し，もとの状態に戻すには，［ファイル｜最初の状態に戻す］を指定する。確認画面に対して，［はい］で答えると，最初の状態（ファイルを読み出した状態

など）に戻る。例えば，ファイル読み出し後，2回編集操作をした後［ファイル｜最初の状態に戻す］を指定すると，1回前の状態ではなく，2回前の最初の状態に戻る。

2.2.7 エフェクタ（効果音作成）

サウンドレコーダには，図2.13に示すように，いくつかのエフェクタ（効果音作成）の機能が備わっている。

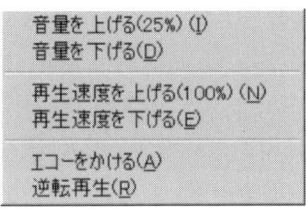

図2.13 サウンドレコーダに備わる
　　　エフェクタの機能

［エフェクタ］メニューには，［音量を上げる（25%）］と［音量を下げる］というサブメニューがある。これは，波形振幅そのものを変化させて，再生音量を調整するものだ。したがって，上げすぎると，波形が飽和してクリップされるので，注意が必要である。

ついで，［エフェクタ］メニューには，［再生速度を上げる（100%）］と［再生速度を下げる］というサブメニューがある。これらは，録音テープの早回し，遅回しに相当する処理であり，処理後の音は，高くなったり，低くなったりする。

そのほか，［エフェクタ｜エコーをかける］と［エフェクタ｜逆転再生］という機能がある。逆転再生というのは，録音テープを反対方向に再生するようなもので，実際にどのように聞こえるかは，試してみてほしい。

2.2.8 CODECを利用する

サウンドレコーダには，いくつかの音声CODEC（コーデックと読む）が組み込まれており，サウンドデータを情報圧縮したり，圧縮されたデータを再生したりすることができる。CODECというのは，COder（コーダ：符号器）とDECoder（デコーダ：復号器）の二つの語を一つに合わせてつくった語である。

coderというのは，アナログの音声信号（や画像信号）をディジタル信号に変換する機器を指し，decoderというには，逆に，ディジタル信号からもとのアナログ信号を復元する機器を指していたのだが，最近では，ディジタル信号を他の情報圧縮した形式に変換する機器あるいはソフトウェアをcoder，その逆変換を行うものをdecoderと拡大して呼んでいる。例えば，ADPCMのCODECというデバイスは，PCM（パルス符号変調）データとADPCM（適応差分PCM）データとの間でディジタル的に変換を行う。

2.2 サウンドレコーダを使ってみる　23

〔1〕 **Windows に組み込まれている CODEC**

Windows のもとで，サウンドレコーダによりある WAV ファイル（例えば，MNI 発声の 1shukan.wav）を開き，[ファイル｜名前を付けて保存] を選択すると，**図 2.14** に示す【ファイル名を付けて保存】ダイアログが開く。

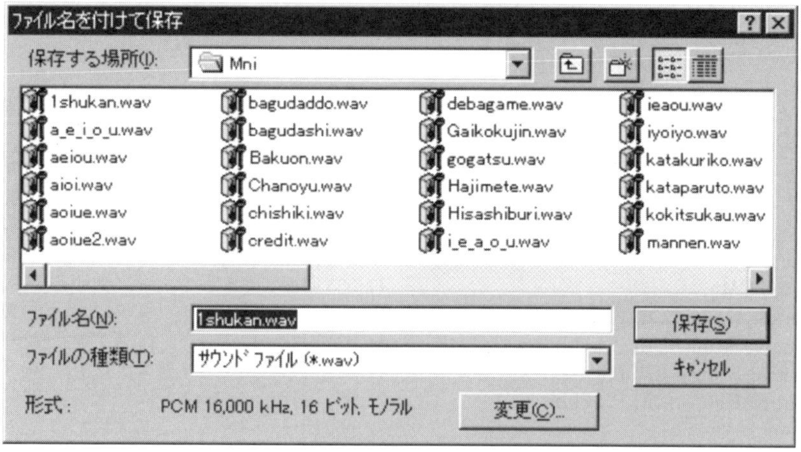

図 2.14 サウンドレコーダでファイル保存ダイアログを開く

上記ダイアログにおいて，最下欄に [形式] の欄があり，読み出した音声データの属性情報が

　　PCM　16.000 kHz，16 ビット，モノラル

のように表示されている。ここで，その右に配置されている [変更] のボタンを押すと，**図 2.15** に示す [サウンドの選択] ダイアログが現れる。

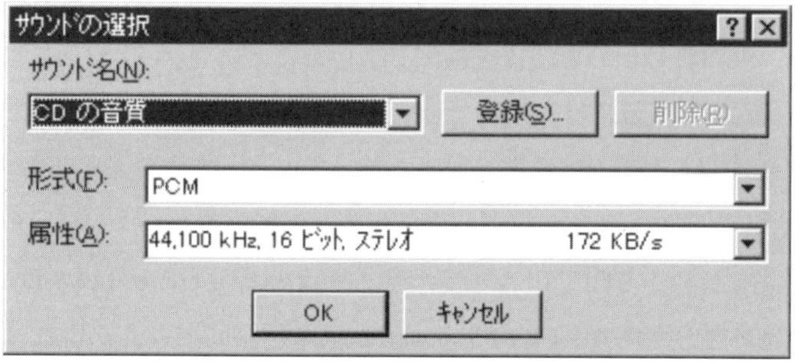

図 2.15 サウンドの格納形式を設定するダイアログボックス

図において，[形式] とある欄が，サウンドデータの符号化形式のことであり，その下の [属性] の欄には，符号化容量が記されている。一番上の [サウンド名] の欄は，表示されている符号化形式と符号化容量に対して適当な名前（ここでは，[CD の音質]）を付与して

いるものであり，[登録] ボタンを押して，ユーザが新しい名前を付与することができる。

[形式] 欄のテキストボックス右側の下矢印▼をクリックすると，**表2.1**に示すいろいろな符号化法が表示され選択可能になる。

ある符号化法を選択すると，[属性] 欄には，その符号化法に対して設定できる符号化容量の一覧が表示される。例えば，PCMを選択すると，**表2.2**に示す符号化容量から選択できるようになる。

表2.1 サウンドレコーダに組み込まれている CODEC の種類（Windows 98 の場合）

CCITT A-Law
CCITT u-Law
DSP Group TrueSpeech(TM)
GSM 6.10
IMA ADPCM
Lernout & Haupie CELP 4.8kbit/s
Lernout & Haupie CELP 4.8kbit/s
Lernout & Haupie CELP 4.8kbit/s
Lernout & Haupie CELP 4.8kbit/s
Microsoft　ADPCM
Microsoft　G.723.1
PCM

表2.2 符号化法として PCM を選択した場合に設定できる符号化容量

8.000 kHz	8 ビット	モノラル	8 KB/s
8.000 kHz	8 ビット	ステレオ	16 KB/s
8.000 kHz	16 ビット	モノラル	16 KB/s
8.000 kHz	16 ビット	ステレオ	31 KB/s
11.025 kHz	8 ビット	モノラル	11 KB/s
11.025 kHz	8 ビット	ステレオ	22 KB/s
11.025 kHz	16 ビット	モノラル	22 KB/s
11.025 kHz	16 ビット	ステレオ	43 KB/s
22.050 kHz	8 ビット	モノラル	22 KB/s
22.050 kHz	8 ビット	ステレオ	43 KB/s
22.050 kHz	16 ビット	モノラル	43 KB/s
22.050 kHz	16 ビット	ステレオ	86 KB/s
44.100 kHz	8 ビット	モノラル	43 KB/s
44.100 kHz	8 ビット	ステレオ	86 KB/s
44.100 kHz	16 ビット	モノラル	86 KB/s
44.100 kHz	16 ビット	ステレオ	172 KB/s

なお，選択できる符号化法の種類は，Windows のバージョンにより若干異なる。Windows XP では，表2.1 で CELP がなくなり，ACELP, MP3, WMA が加わっている。ここで，簡単に各符号化法について説明する（やや説明が難しいので，読み飛ばしてもよい）。詳細については，音声符号化の専門書を参照していただきたい。

表2.1 で最下段の PCM は，パルス符号変調の略で，最も基本的な符号化法であり，他の符号化法を適用する際も PCM 符号化が前提となっている。本書で述べる音声波形の表示や分析なども，PCM 符号化された音声データを対象としている。

表2.1 で上から1 行目の CCITT A-Law と2 行目の CCITT u-Law は，非線形量子化の PCM 符号化法のことであり，CCITT〔国際電信電話諮問委員会。現在は，ITU-T という名称に変更している〕という機関で策定された規格である。なお，A-Law はアメリカで，u-Law は日本で，電話用に使用されている〔u-Law と記されているが，正確にはギリシャ文字の μ（ミュー）-Law である〕。非線形量子化 PCM 符号化法では，（線形）PCM の場合の約 1/2 の符号化容量で同等の音声品質が得られる。

表2.1 中にある ADPCM というのは，適応差分 PCM という符号化法で，そのアルゴリ

ズムにいろいろなものがあり，IMA と Microsoft 社のものが組み込まれている。ADPCM 符号化では，PCM の場合の約 1／4 の符号化容量でほぼ同等の音声品質が得られる。

　これらのほか表 2.1 に示すように，GSM（global system for mobile）と呼ばれているヨーロッパなどの移動電話に適用されている符号化法，CELP（符号励振線形予測），SBC（サブバンド符号化），および特定会社（DSP 社）が命名した符号化法 TrueSpeech なども組み込まれている。これらの符号化法は，PCM 符号化の場合の 1/8，あるいはそれ以下に圧縮符号化することができるが，音声品質はやや劣化する。

〔2〕　**符号化形式の変換**

　つぎに，実際に音声データの符号化形式を変換する操作について説明する。図 2.15 のダイアログボックスにおいて，［形式］として表 2.1 に示すいずれかの方法を選択し，さらに［属性］の欄に表示される符号化容量のいずれかを選択して，［OK］ボタンを押す。そうすると，**図 2.16** に示すように，【ファイル名を付けて保存】ダイアログに戻り，［形式］の欄に，選択した符号化法と符号化容量が表示される（図は，符号化法として Microsoft ADPCM を選択した場合）。

図 2.16　符号化形式を選択して変換したデータを新たなファイル名で保存する

　ここで，変換後のデータに新たなファイル名を付与して，［保存］ボタンを押せばよい。前の名前のまま［保存］ボタンを押すと，変換前のデータに変換後のデータが上書きされてしまう。

　なお，符号化形式の変換は，異なる操作手順でも実行できる。サウンドレコーダである音声データ（1 shukan.wav とする）を開いた状態で，［ファイル｜プロパティ］を指示する。そうすると，そのデータの属性が，**図 2.17** のように表示される。

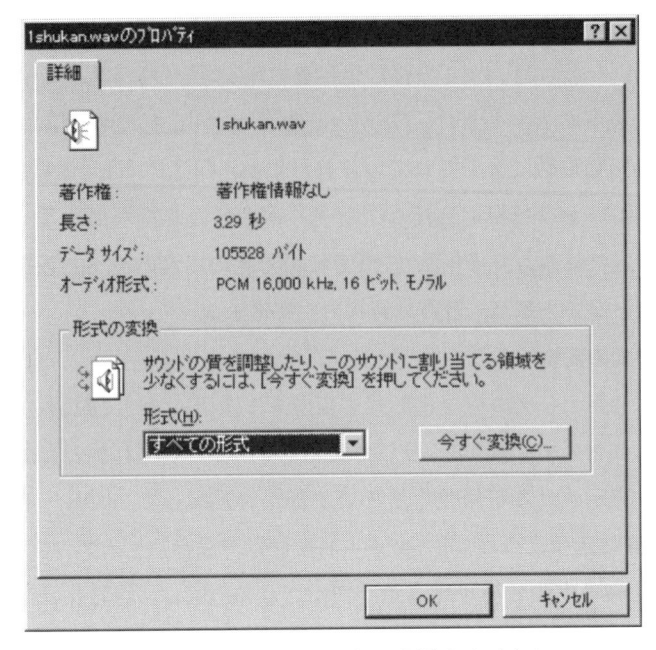

図 2.17 WAVデータに対する属性を表示する

　図のように，1shukan.wav という音声データの属性情報が表示されている。ここで，[形式の変換]を選択すると図 2.15 に示した[サウンドの選択]ダイアログが現れる。符号化[形式]と[属性]（符号化容量）を選択して[OK]ボタンを押すと，**図 2.18** に示す変換画面が現れ，変換が終了するとその画面が消え，もとのサウンドレコーダの画面に戻る。ただし，もとのデータが短い場合は，図 2.18 のボックスは一瞬現れるだけである。

図 2.18　符号化形式を変換中であることを示すボックス

　符号化形式変換後の音声は，再生ボタンを押して受聴することができる。また，変換後の音声データを保存しておくには，[ファイル｜名前を付けて保存]すればよい。
　上述のようにして，種々の符号化法により情報圧縮した音声データは，特別な形式のWAV ファイルとして保存される。その WAV ファイルをエクスプローラで指示して，[プ

ロパティ｜詳細］を見ると，符号化法と符号化容量が［オーディオ形式］の欄に示される（図 2.19）。

　（線形）PCM 以外の方法で符号化した音声データを，波形観測したり，音声分析したりする必要がある場合は，いったん PCM に変換したのちに行えばよい。

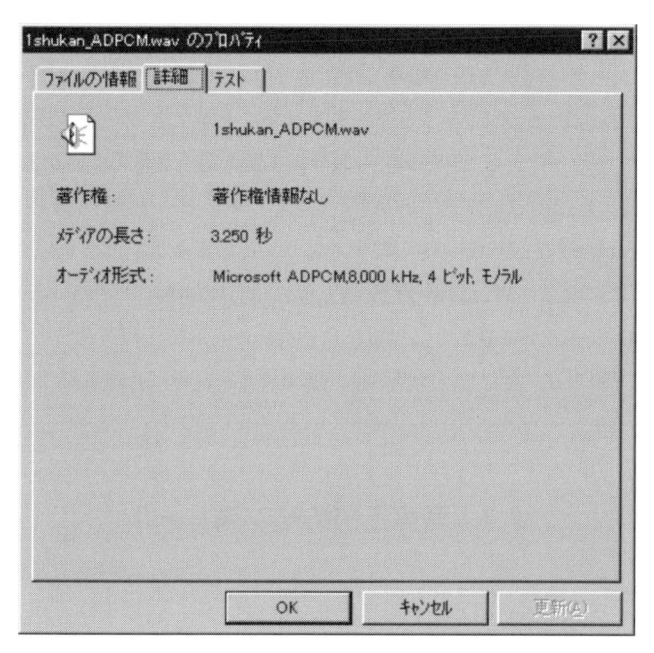

図 2.19 WAV ファイルのプロパティを見ると符号化形式を確認することができる

3. 音声工房で音を出す

前の章では，サウンドレコーダというWindowsに付属していたソフトウェアを使って，パソコンから音を出す方法を紹介した。パソコンにはユーザがお好みの市販ソフトウェアを組み込んで，そのソフトウェアを利用することができる。音声あるいはサウンドを扱う市販ソフトウェアとしてWindows版音声工房という名称のものがある。

Windows版音声工房は，別名SP4WIN（エスピーフォーウィン）と呼ばれ，Speech Processing Software for Windowsの略称であり，そのまま訳すとウィンドウズ用音声処理ソフトウェアになる。Windows版音声工房には，Standard, Professional, Customという3種のシリーズがあり，ここでは，Professional版の音声工房 Proを使用することを想定して説明する。ただし，呼び名は，簡単のために単に音声工房とする。

3.1 音声工房のインストール

市販ソフトウェアは，CD-ROM（シーディーロム）あるいはFD（エフディーまたはフロッピーディスク）という記憶媒体に収容されて提供される。ユーザは，その格納媒体から所望のソフトウェアを自分のパソコンに組み込んで利用する。この組込み作業のことをインストールという。

音声工房はFDで提供されるから，そのFDを用いてインストールする必要がある。インストールの作業を行うと，FD内に圧縮して格納されていたプログラムおよびデータのファイルが，もとの状態に戻され（解凍という），ハードディスク内の指定場所に格納される。インストール作業を簡単に実行するためのソフトウェアはインストーラと呼ばれている。音声工房の場合もインストーラを使用しており，インストール操作はきわめて簡単だ。

具体的には，FD内のsetup.exeというプログラムを実行し，表示に従って進めるだけでよい。詳細については，音声工房に付属しているマニュアルを参照されたい。インストールを完了させた後，デスクトップに音声工房のアイコンを作成しておくと，すぐに起動できて便利である。

アイコンの作成法については，Windowsのヘルプ（「デスクトップにショートカットを置くには」）を参照のこと（その説明は，ちょっとわかりにくいかもしれないが）。

3.2 音声工房の起動と終了

デスクトップに音声工房のアイコンを作成した場合は，そのアイコンをダブルクリックすることにより音声工房のソフトウェアが起動する。アイコンを作成していない場合は，Windowsの［スタート］ボタンから，［プログラム | SP4WIN Pro | SP4WIN Pro］を指示すること。

音声工房を起動すると，図3.1に示す画面が出てくる。図には，表示画面各部の呼び名を併記している（Windowsで共通の呼び名と，音声工房での特有の呼び名が混じっている）。

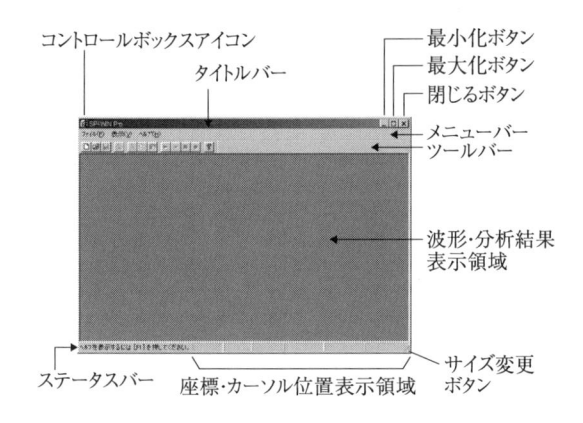

図3.1 音声工房の初期画面および各部の名称

この画面において，いろいろな指示を行い，音声を録音・再生したり，音声の波形を見たり，また，音声を分析・編集などを行う。音声工房の操作を説明する前に，まずは音声工房を終了させる方法を会得しておこう。最も簡単には，最上段のタイトルバーの右端にある×印のボタン（閉じるボタン）を左クリックすればよい。

3.3 音声工房で音を出す

つぎに，音声工房を用いて音を再生する操作を説明する。もう一度，音声工房を起動させる。まず，メニューバーの［ファイル | 開く］を指示して，図3.2に示す【開く】というダイアログボックスを表示させる。ここで，［ファイル | 開く］を指示するというのは，［ファイル］というメニュー項目を左クリックし，現れるサブメニューの［開く］という項目をクリックするということである。

音声工房のソフトウェアには，サンプルの音声データが付属しているので，それを選択しよう。図に示すように，［ファイルの種類］として［Sound（＊.wav）］が指定されているので，［ファイルの場所］としてSP4WIN Proフォルダ内に存在するWAVEファイル（拡

3. 音声工房で音を出す

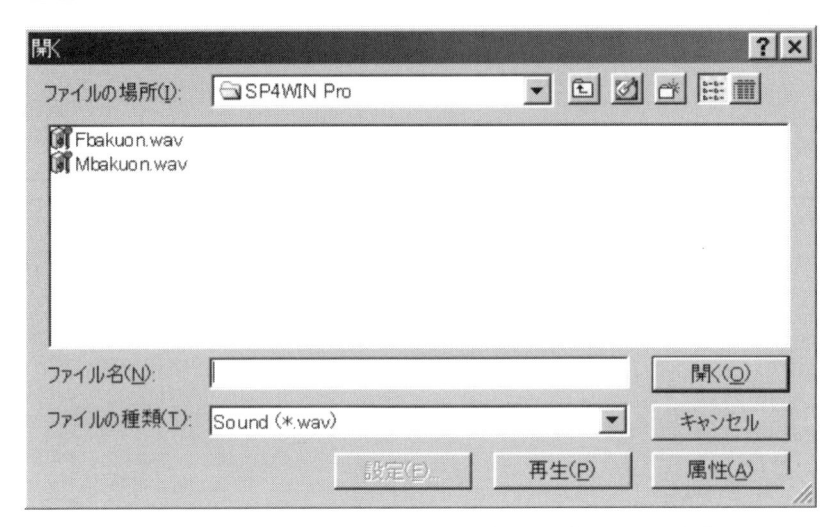

図3.2 サウンドファイルを開くためのダイアログボックスの操作

張子が .wav であるファイル）が表示されている。ただし，通常は，拡張子は表示されていない（表示させるように変更することもできる）。

ここで，例えばFbakuonを選択して，［再生］ボタンを押すと，女性の声で「爆音が銀世界の高原に広がる」という文が再生されたはずだ。もしも音が聞こえないようなら，以前に記述した内容を参照しながら，パソコンのサウンド再生系を調べること。

このように，音声工房ではサウンドファイルを指定して，（ファイルを開くことなく）その内容を再生することができる（ただし，途中で停止させることはできない）。ファイルを開いた後に，その内容を再生することもできる。図3.2において，あるファイル，例えばMbakuonを指定して，［開く］のボタンを押す。**図3.3**のようなウィンドウが開いたはずだ。

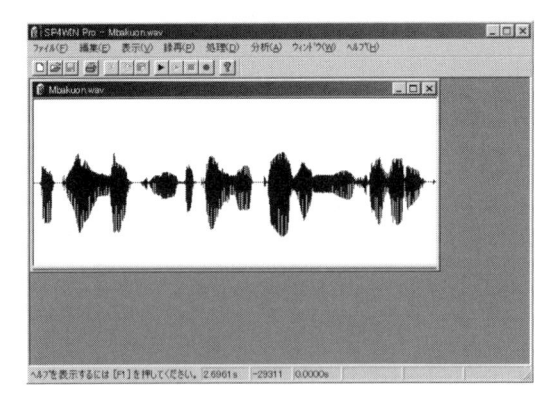

図3.3 音声工房でサウンドファイルを開くとその波形が表示される

この画面は対象とする音声の波形を示している。その説明は後述するとして，この状態で，ツールバーの再生ボタン（右向き三角），または［録再｜再生］を押す。上の文を男性が発声した音声が再生されたはずだ。再生ボタンを押すと，再生ボタンは（縦2本棒の）一

時停止ボタンに変わる。再生途中に一時停止ボタンを押すと，再生は中断する。再度，一時停止ボタンを押すと，中断した時点から再生を再開する。再生途中に，（四角印の）停止ボタンを押すと，再生を中止する。

これまでは，指定したサウンドファイルを頭から最後（または，途中）まで再生させたが，指定した区間のみを再生することもできる。再生区間の指定は，マウスのドラッグ操作で行う。波形が表示されている窓の内部のある点（始点）にマウスカーソルを置き，そこから右方にマウスドラッグ（左ボタンを押したまま，マウスを移動させる）して，ある位置（終点）でボタンを離す。そうすると始点の横位置から終点の横位置まで，波形にハッチ（網模様）がかかる。ここで，部分再生のスピードボタン（一部白抜きの右向き三角）を押すと，始点から終点までの区間のみが再生される。再生途中に停止ボタンを押すと，再生が止まる。一時停止ボタンを押すと，再生は中断する。なお，右から左方向にドラッグしても，結果は同じである（逆方向再生することもできるが，その方法はマニュアルを参照のこと）。

3.4 音声工房で録音する

つぎに，音声工房を用いて音を録音する方法について説明する。

パソコンで音声を録音するのは，再生の操作に比べ，少々面倒だ（MDやテープレコーダの場合も同じだが）。録音の操作は，つぎのようなステップになる。

① 入力源の選択
② ディジタル化条件の設定
③ 入力波形のモニタリング，録音音量の調整，録音の開始
④ 録音結果の聴取，ファイルへの格納

以下，順に説明する。

3.4.1 入力源の選択

入力源の選択というのは，パソコンのどこに接続された音響機器からの信号を録音するのかを，パソコン（またはWindows）に設定するもので，音声工房のソフトではなく，Windowsで行うものである。Windowsの画面最下段にあるタスクバーの右端に，（通常）スピーカの形の［音量］アイコンがある。これをダブルクリックすると，図3.4に示すような【ボリュームコントロール】ダイアログが出てくる（設定状況により，表示される内容が異なる）。（シングルクリックだと，再生音量調整のダイアログが出てくる。【ボリュームコントロール】は，音声工房から［表示｜ボリューム］を指示しても表示させることができる）

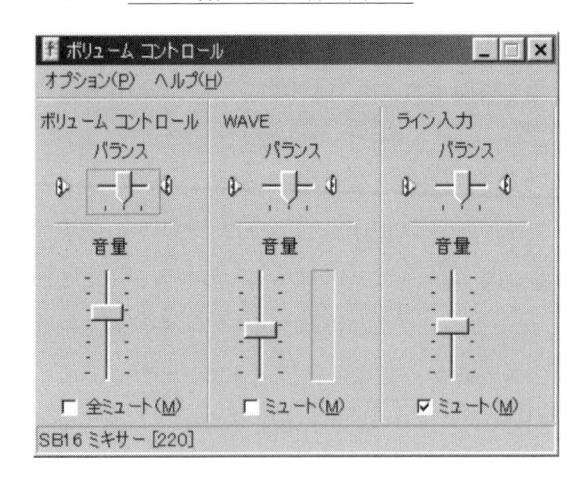

図3.4 サウンドの再生と録音の条件を設定するボリュームコントロール。初期画面では再生音量を設定する画面が表示される

【ボリュームコントロール】ダイアログを開いた場合，再生音量の調整画面になっている。［オプション｜プロパティ］を選択して，図3.5の【プロパティ】画面を表示させ，［音量の調整］対象として，［録音］のラジオボタンを選択し，［表示するコントロール］として，通常は［録音の調節］，［Microphone］，［ライン入力］の三つを選択し，［OK］ボタンを押す。

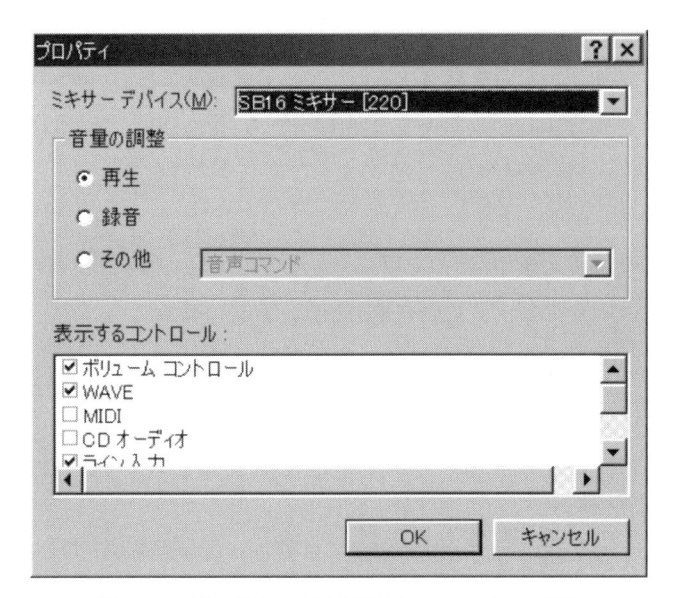

図3.5 再生と録音の音源を設定するプロパティ画面

そうすると，図3.6の【録音の調節】ダイアログが現れる。

マイク端子からの信号を録音する場合は，［マイク］のセクションの［選択］欄をチェックし，ライン入力端子からの信号を録音する場合は［ライン入力］セクションの［選択］欄にチェックを入れておく。【録音の調節】ダイアログは消さずにそのまま表示させておき，

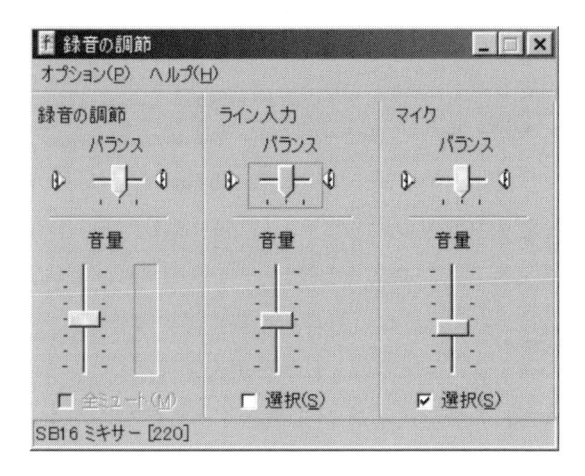

図 3.6 録音の音源を設定する【録音の調節】ダイアログ

アプリケーション（いまの場合，音声工房）を起動した際に，入力レベルの確認に用いる。

3.4.2 ディジタル化条件の設定

つぎに，音をディジタル録音する際のディジタル化条件を設定する。そのために，音声工房で白紙の窓を開き（［ファイル｜新規作成］を指示する），**図 3.7** に示す【録音】ダイアログで，条件を選択・設定する。ディジタル化の条件は，ビット数，標本化周波数，およびチャネル数（モノラル，またはステレオ）である。

なお，音信号をディジタル化するに際し，符号化法を選択する場合もあるが，パソコンで

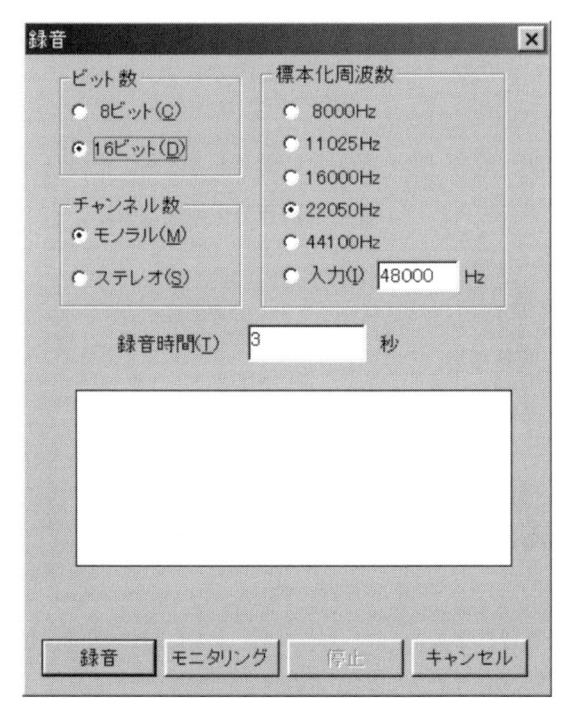

図 3.7 音声工房で録音時のディジタル化条件を設定するダイアログ

扱う場合は，最も汎用的なPCM（パルス符号変調）方式で録音するのがほとんどであるので，ここでもPCM方式でディジタル化する場合を取り上げる。また，PCM方式でも線形と非線形があるが，線形のPCM符号化法にする。

ビット数というのは，量子化精度とも呼ばれ，ディジタル化に際し振幅値をどれほど精度よく表現するかを，2のべき乗で表現したものである。8ビット（256段階），あるいは16ビット（65 536段階）のどちらかを選択できるが，通常は16ビットを選択すればよい。

標本化周波数というのは，アナログ信号から時間的にどれほど頻繁に振幅値を観測するかを周波数で表したものである。通常は，図3.7に示す値のどれかを選択すればよい。表示されていない値を設定したい場合は，［入力］のラジオボタンを選択し，その右のテキストボックスに値を書き込めばよい。高い標本化周波数を選ぶと，その割合に応じて，多くの記憶容量が必要となる。標本化周波数については明確な設定基準があり，もとのアナログ信号に含まれている最大の周波数成分の2倍強にするというものである。

例えば，電話の音声は3.4 kHzまでの成分しか含まれていないから，通常は8 kHzで標本化する。（電話声にならないように）音声を高音質で録音したい場合は16 kHz程度で標本化すればよい。高周波成分の豊富な音楽信号の場合は，44.1 kHz（CDの標本化周波数）や48 kHz（DATの標本化周波数）に設定すればよい。なお，音声工房では，（サウンドカードが許すかぎり）40 Hzから96 kHzまでの標本化が可能である。

チャネル数としては，ステレオの2チャネル，あるいはモノラルの1チャネルを選択する。臨場感がある音を録音する場合はステレオにするが，通常の音声の場合はモノラルで録音することが多い。なお，入力源がステレオになっていて，音声工房でモノラル録音する場合は，入力源の左（L）チャネルの信号が取り込まれる。

つぎに，録音時間を設定する。録音時間が前もってわからない場合もあるが，その場合は長めの値を設定しておき，必要箇所まで録音できれば，途中で録音を止めればよい。

3.4.3 入力波形のモニタリング・録音開始

上記のようにして，録音条件の設定が終われば，［モニタリング］のボタンを押し，入力信号の波形を監視できるようにする。このようにして，【録音】ダイアログと【録音の調節】ダイアログの両者を表示した状態で，（マイクあるいはライン入力から）信号を入れる。そうすると，【録音の調節】ダイアログの［録音の調節］セクションの右方にレベルが表示されるとともに，【録音】ダイアログの波形モニタ領域に入力波形が表示される（図3.8）。

【録音の調節】ダイアログのレベル計は，下から緑，薄緑，黄色，赤の横棒が並ぶ形になっており，レベルが高いと上の棒が表示されるようになっている。入力信号の時間的変化に応じてレベルが変動するが，黄色の棒が，ときたま点灯する程度に［マイク］または［ラ

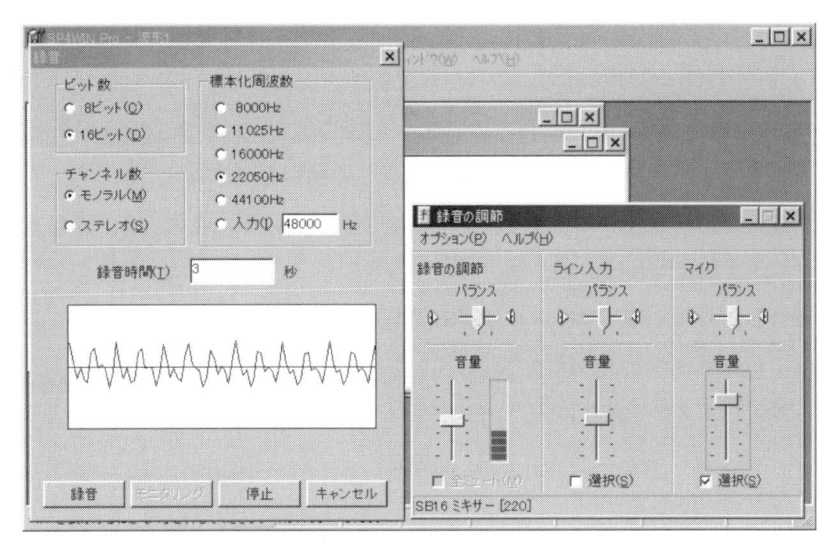

図 3.8 入力信号の波形をモニタリングするとともに，入力レベルを監視する

イン入力］のスライダつまみを上下させる。そのように調節すると，波形モニタ領域に表示される入力波形は，上下の枠に到達することなく，変動しているはずである。赤い棒が表示されると，波形のピーク部分が削られた（クリップされた）可能性が高い。

このようにして，適切なレベルに設定が完了すれば，つぎに［録音］のボタンを押し，正式の録音を開始する。録音中も，レベル計および表示波形を監視し，突発的なレベル変動や雑音混入がないか確かめておくのがよい。

3.4.4 ファイルへの格納

必要部分の録音が終われば，［停止］ボタンを押して，録音動作を止めればよい。そうすると，【録音】ダイアログが消え，先ほど開いた新規作成のウィンドウに，いま取り込んだ（録音した）音の全体波形が**図 3.9**のように表示される。

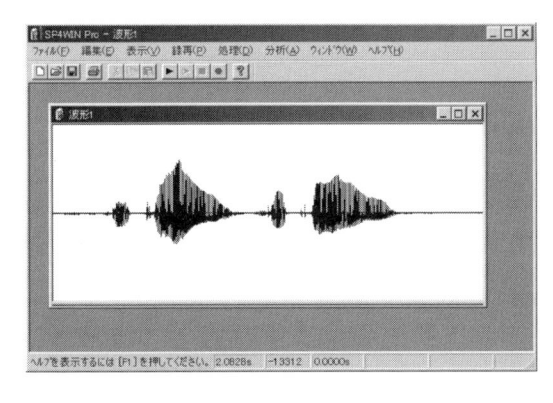

図 3.9 録音された音の全体波形が新規作成ウィンドウに表示される

長い音を録音しても，この同じ大きさのウィンドウに表示される。この波形には，かりに【波形1】という名前が付けられている（つぎに新規作成のウィンドウを開くと波形2になる）。この波形の内容を聞くには，再生のボタンを押せばよい。うまく録音できた場合は，まずそのままファイルに格納して，その後編集なりの操作をすればよい。［ファイル｜名前を付けて保存］を指示し，現れる【名前を付けて保存】ダイアログで，保存するフォルダおよびファイル名を指定すればよい。

なお，録音した波形1が，なんらかの理由でよくない場合は，再度録音すればよい。それには，波形1が表示されている状態で［録音］ボタンを押して【録音】ダイアログを表示させ，再度［録音］ボタンを押せばよい。

4. 音 と 波 形

この章では，音がどういうものであるかをおさらいし，音の波形はどのように表示されているかを説明する。ついで，音をディジタル化する際の基本事項として，標本化周波数と量子化ビットについて説明し，その際の注意事項について説明する。さらに，ディジタル化する際の標本化周波数や量子化ビット数が音質にどのような影響を及ぼすものであるかを，実験を通じながら理解できるようにする。

4.1　音

ここでは，「音」というものをわかりやすく解説する。わかっていたつもりかもしれないが，案外誤解などがあるようだ。

音は，空気の振動である。空気はそれ自体を見ることができないから，音も見ることができない。これが，音がどのようなものであるかをわかりにくくしている。

ゴム風船を思い浮かべればわかるように，空気は弾性体である。押すと圧力を感じ，急に離すと，もとに戻ろうとする。空気がなんらかの力で押されたり引っ張られたりして，粗なところと密なところができると，まわりの空気もそれに影響され，それがしだいにまわりに伝わっていく（このような波を粗密波という）。

図4.1は，ある音源（例えば，人間の口，ラウドスピーカ）から音が広がっていく様子を示したものである。図のように，音は音源を中心にして，球状（図では円状）に外側に広がっていく。図中の色の濃いところが空気の密なところであり，色の薄いところが空気の疎なところである。なお，このように球状に音が広がる波を球面波，そのような音源を点音源と呼んでいる。

図4.1は，ある瞬間の音の様子を示したものであり，つぎの瞬間には音源の状態が変化（密から疎の状態へ）し，音の様子も変化してしまう。この様子を，平面波を用いて説明しよう。

図4.2は，音が（進行方向と同方向の）平面状に広がる場合の，粗密波の伝播の状況を示している。このような波を平面波と呼んでいる。音源からの距離が離れている音波は，平面波とみなすことができる。最上段は，時刻tにおける音波の状況を示しており，中段は，そ

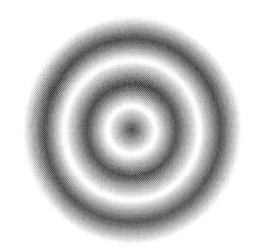

図 4.1 粗密波である音が広がる様子（球面波の場合）

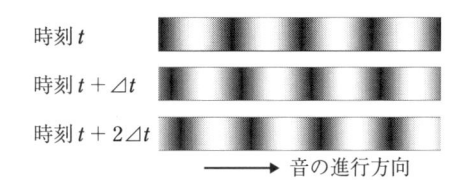

図 4.2 粗密波である音が伝播する状況（平面波の場合）

の Δt 後の状況である．最下段は，さらに Δt 後の状況である．密な箇所（図で色の濃い箇所）が時間とともに，右方向（伝播方向）に移動していることがわかる．

つぎに，音の大きさについて考えよう．音は，空気の圧力が高いところと低いところが時間的に変化するものということができる．だから，音の大きさ（正確には強さ）に関する単位は，圧力の単位と同じように Pa（パスカル）や μb（マイクロバール）になる．ただし，音による圧力差は大気圧に比べてきわめて小さいのである．

空気の振動の速さが，これが音の高さに対応するが，ある程度の値になった場合に人間の耳に音として聞こえるようになる．具体的には，1秒間に20回〜2万回（20 Hz〜20 kHz）程度の空気振動が音として知覚される．また，空気振動の大きさが音の強さになり，あまり大きな振動は音ではなく痛みとして感じられる．

4.2 音の波形

前述のように，音は粗密波であり，振動方向と伝播方向が同じ縦波であるから，非常に表現しにくい．そこで，音の振動の状況を模式的に表現する工夫がなされた．これが波形である．

音は音響電気変換器（空気振動である音響信号を電気信号に変換する器械：マイクロホンなど）により電気信号に変換され，増幅，伝送，記録（録音）などの処理を施される．したがって，電気信号をオシロスコープで波形表示するのと同じように，音を波形表示するのが普通である．つまり，音の伝播方向に対して直角に振動方向をとって表現する．具体的には，横軸に時間をとり，縦軸には音の圧力をとる．縦軸の中央線は，静圧すなわち大気圧に相当する．

図 4.3 は，（正弦波的に変化する）粗密波に対して，密なところを波の山に，疎なところを谷に対応させて波形を描いたものである．

図の例では，一定周波数の音（これを，純音という）を正弦波に対応させている．

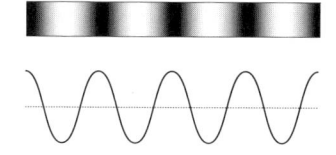

図4.3 粗密波である音に対して横波状の波形を対応させる

電気信号に変換された音は，パソコンのサウンドカードから取り込まれて，ディジタル的な数値の並びに変換される。この数値の並びをパソコン画面で表現するのに，数値そのものではなく，（アナログ的な）波形として表現するのが普通である。具体的には，一定時間ごとの音圧（厳密には瞬時音圧）を折れ線で結んで表示する（Macintosh 用のサウンドソフトでは，折れ線でなく点として表すものもある）。このようにして，純音（一定周波数の音）の波形は，正弦波のように描かれるわけである。

実際には，人間が発声している音声，あるいはマイクで収音された音について，実時間でその波形を表示しても，変化が激しすぎて，細かいところまで観測することはできない。そこで，ある長さの音をいったんパソコンの記憶装置に取り込み，のちほど波形を表示させて観測するという方法をとっている。

4.3 音声工房における波形表示

音声工房という音声処理ソフトウェアでは，いったんある長さ（5 s とか 5 min とか）の音をパソコン（の主記憶装置あるいはハードディスク）に取り込み，取り込みを終えてから，取り込まれたデータをある大きさの窓のなかに波形表示するようにしている。

パソコンの横軸の表示点数は 1 000 程度であり，音の数値データは，例えば 8 000 個/s であるので，すべての時間点ごとの値を表示するわけにはいかない。そこで，長い音声データの場合は，時間点を間引いて表示することにしている。具体的には，8 000 個/s のデータを 1 000 点に表示する場合は，8 個中の 1 個を表示し，10 s のデータなら 80 個に 1 個を表示するようにしている。実際には，単純に間引くわけではなく，対象区間の最大値と最小値を上下に結んで表示している。結果として，長い音声データになるにつれ，音声波形というより波形包絡（波形の外形をなぞっていったような図形）が表示されるようになっている。

前述したのは，音声工房における [全体波形] という表示法である。音声工房には [指定区間] 表示という表示法がある。この方法では，マウスで指定した区間に対し，窓（の横方向）一杯に表示するので，短い区間を指定すれば，詳細な音声波形を観測することができる。

さらに音声工房には，スクロール表示機能が備わっているから，その機能を使うと，指定した時間区間のデータを窓一杯に表示でき，かつスクロールボタンを押すことにより，前後

の波形を容易に観測することができる。

4.4 音のディジタル化

4.4.1 ディジタル化：標本化と量子化

マイクロホンで収音された音は電気信号に変換され，パソコンのサウンドカードでアナログ信号からディジタル信号に変換（アナログ-ディジタル変換：A-D変換）される。なお，パソコン内のディジタルの音声データを可聴信号のアナログ信号に変換する（ディジタル-アナログ変換：D-A変換）のも，サウンドカードで行われる。

アナログ信号をディジタル変換するという処理には，時間的なディジタル化である標本化（サンプリング）と，振幅値のディジタル化である量子化の処理が含まれる。

4.4.2 標 本 化

標本化というのは，一定時間毎の瞬時振幅値を測定することである。図 4.4 に，もとのアナログ信号から一定時間ごとに標本値を取り出す様子を示す。

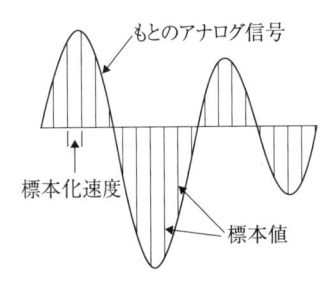

図 4.4　もとのアナログ信号から一定時間間隔で標本値を取り出す

この一定時間のことを標本化速度（サンプリングレート）といい，その逆数である，1秒間に何回標本化するかの値を標本化周波数という。標本化周波数は，対象とする信号に含まれる最高周波数成分の2倍（以上）の値にする必要がある。音楽信号の周波数帯域はほぼ20 kHzなので，CD（コンパクトディスク）ではその2倍強の44.1 kHzで標本化されている。またDAT（ディジタルオーディオテープ）では，48 kHzで標本化されている。電話の場合は，帯域幅の狭い音声を対象としているので，3.4 kHzで低域ろ波（3.4 kHz以下の成分のみを通す）し，8 kHzで標本化している。

4.4.3 量 子 化

一方，量子化というのは，標本化された瞬時振幅値を，あらかじめ設定した複数の値のどれか近いものに割り当てる処理である。これがPCM（パルス符号変調）と呼ばれる符号化

あらかじめ設定する複数の値が，一定間隔（例えば電圧で）の場合と，そうでない不均一の場合とがある。前者を線形量子化，後者を非線形量子化という。パソコンのサウンドカードの場合は，通常線形量子化の方法が使われている。電話の場合は，（情報圧縮するために）非線形量子化の方法が使われている。非線形量子化の場合，量子化の非線形特性として，μ（ミュー）法則，A 法則などと呼ばれる特性が使われている。

量子化において，あらかじめ設定した複数の値の数のことを量子化精度，あるいは分解能と呼ぶ。この数（あるいは量子化精度）が多いほど，精度よく量子化することになる。量子化精度は，8 ビット，16 ビットというように，通常ビット数で表現される。

最近のサウンドカードの量子化精度は，ほとんどが線形の 16 ビットになっている。つまり，瞬時振幅を 65 536（2 の 16 乗）種の値のうちのどれかの値に割り当てることになる。音信号は，平均値からプラスマイナスに振れる交流信号であるから，65 536 種の値は，通常，$-32 768 \sim 0 \sim 32 767$ の範囲の値を割り当てている（符号値を 2 の補数形式で表現するために，10 進ではこのような値になる）。

パソコンのサウンドカードでは，設定により，線形 8 ビットで量子化することもできる。なお，電話系の場合は，8 ビット（日本では μ 法則）の非線形量子化が行われている。

4.4.4 ディジタル化に際しての注意

ここで，音信号をディジタル化する場合の注意事項について述べる。

〔1〕 **オーバフロー（過大入力）**

入力許容レベル以上のレベルの信号を入力すると，絶対値が許容レベル以上の部分が切り取られた状態で取り込まれる。そのようにして取り込まれた音信号は，ひずみが加わり，品質が劣化する。

オーバフローを生じさせないで取り込むには，パソコンの録音レベル表示，あるいはディジタル録音機（DAT デッキ，MD デッキなど）のレベル計において，黄色の表示がときたま点灯する程度にボリュームを合わせること。赤色の表示（あるいは OVER の表示箇所）が出ると，オーバフローしている。DAT デッキでは，通常，$-12\,\mathrm{dB}$ の箇所にマークが付いている。（変動の大きい）音声信号を入力する場合，レベルの大きな音声部分で，この $-12\,\mathrm{dB}$ 程度まで振れるように設定し，ときたま $-4\,\mathrm{dB}$ まで振れるように設定せよ。ディジタル録音系は，アナログ録音系に比べて，オーバフローによる実害が大きいことを覚えておくこと。

〔2〕 **低域ろ波器（ローパスフィルタ）**

前記 4.4.2 項で述べたように，標本化周波数は含まれる最高周波数成分の 2 倍以上の周波

数でなければならない．いまディジタル化しようとしている信号に，標本化周波数÷2（これをナイキスト周波数という）以上の周波数の成分を含んでいる場合には，ナイキスト周波数以上の成分をあらかじめ低域ろ波器で除去しておく必要がある．

パソコンのサウンドカードの場合は，標本化周波数を設定すると，適切なローパスフィルタが働くように自動設定されるので，上述のような問題は生じない．プロ用の機材で，低域ろ波器とA-D変換器を個別に接続する系では，十分注意する必要がある．

標本化に際し，ナイキスト周波数以上の成分が含まれる場合，折返しひずみ（エイリアジングひずみ）というひずみが生じ，ナイキスト周波数以上の成分が，帯域内に混入するという雑音が加わることになる．このような観点から，上で説明した低域ろ波器のことを，アンチエイリアジングフィルタと呼ぶこともある．

〔3〕 オフセット

A-D変換に際して，入力の電気信号の0レベル（グラウンド）が，正しく数値0に変換されずプラスあるいはマイナス側にずれている現象を，オフセットという．オフセットがあると，波形が上下どちらかにずれて表示される．それほど大きなオフセットでなければ，聴感上はあまり問題にならないが，音声分析などの処理を行う場合には問題になることがある．

オフセットは，サウンドカードの特性によって生じるもので，ユーザが調整するわけにはいかない．そのようなわけで，オフセットはサウンドカードの性能を評価する一つのポイントである（その他の性能評価点としては，非直線性，ドリフト，残留雑音，などがある）．オフセットはソフトウェアにより除去することができ（ファイル全体の瞬時振幅の平均値を各瞬時振幅から差し引く），音声工房 にはその機能が備わっている．

4.4.5 アナログ信号に復元する際の注意

ディジタル化された音声信号を，アナログ信号に復元する際にもいくつかの注意事項がある．

〔1〕 復標本化周波数

ある標本化周波数でディジタル化した信号は，同じ周波数（この周波数を復標本化周波数という）でアナログ信号に復元する必要がある．復標本化周波数が標本化周波数より大きいと，原音よりも発声速度が早く，音の高さが高くなる（録音テープの早回し状態）．逆に，復標本化周波数が標本化周波数より低いと発声速度が遅く，音の高さが低くなる（テープの遅回し状態）．

WAVファイルというWindows用のサウンドファイルの場合は，データ前方のラベル部分に標本化周波数が記されており，それと異なる周波数で復元することはまずない．DAT

ファイルと呼ぶ形式のサウンドファイルでは，ラベル領域がなく，そのデータだけからは標本化周波数がわからない。したがって，上記のような問題が生じる可能性がある。したがって，DATファイルは，標本化周波数を記したフォルダ（ディレクトリ）に格納するなど，ユーザ自身が管理する必要がある。

〔2〕 低域ろ波器（ローパスフィルタ）

ディジタル化された音信号をアナログ信号に復元する際にも，D-A変換された信号を低域ろ波器に通す必要がある。遮断周波数は，ナイキスト周波数（＝復標本化周波数÷2）である。この低域ろ波器（これをスムージングフィルタという）を入れないと，帯域内成分が高域に折り返したような信号が再生され，高周波域に雑音が加わった音になる。

通常のサウンドカードの場合は，復標本化周波数を設定すると，適切なローパスフィルタが働くように自動設定されるので，上述のような問題は生じない。

4.5 音声ディジタル化の実験

4.5.1 標本化周波数と異なる周波数で復元した場合[†1]

サンプル音声データのなかの ¥Sample ¥Speed ディレクトリに，1 shukan.wav という名前のファイルがある。これは，「1週間ばかりニューヨークを取材した」という短文を発声した，標本化周波数 16 kHz の音声データである。WAVファイルのラベル情報などの属性を調べるには，つぎのようにする。このWAVファイルを選択した状態で，右クリックし，現れるメニューの最下段「プロパティ」を指示する。そうすると，【1 shukan.wav ファイルのプロパティ】の画面で，［全般］のタブが選択された画面が現れる（図4.5）。

この画面には，データのサイズや作成日などの情報が表示されている。［詳細］のタブを選択すると，音声の［長さ］や［オーディオ形式］の情報が表示される画面に変わる（図4.6）。

表示のとおり，1 shukan.wav という音声データは，16 kHz で標本化されたものであることがわかる（表示は，16,000 kHz と表示されているが）。つぎに［テスト］のタブを指示すると，右三角の再生ボタンとスライダが表示された画面になる（図4.7）。

再生ボタンを押すと，その音声データが再生され，「1週間ばかりニューヨークを取材した」という音声が聞こえるはずである。

それでは，1 shu_22 k.wav というファイルを選択し，再生してみよ[†2]。このWAVファイ

[†1] 上記実験では，16 kHz の WAV ファイルが再生できることを想定している。パソコンおよびサウンドカードの種類によっては，16 kHz の WAV ファイルを再生できない場合もある。その場合は，22.05 kHz の WAV ファイルにすれば，まず再生できよう。

[†2] 音声工房を使えば，複数の音声波形（あるいは，ファイル名リスト）を表示しておき，そのなかから選択したものを再生することができる。繰り返して再生する場合には，この方法のほうが便利だ。

44   4. 音 と 波 形

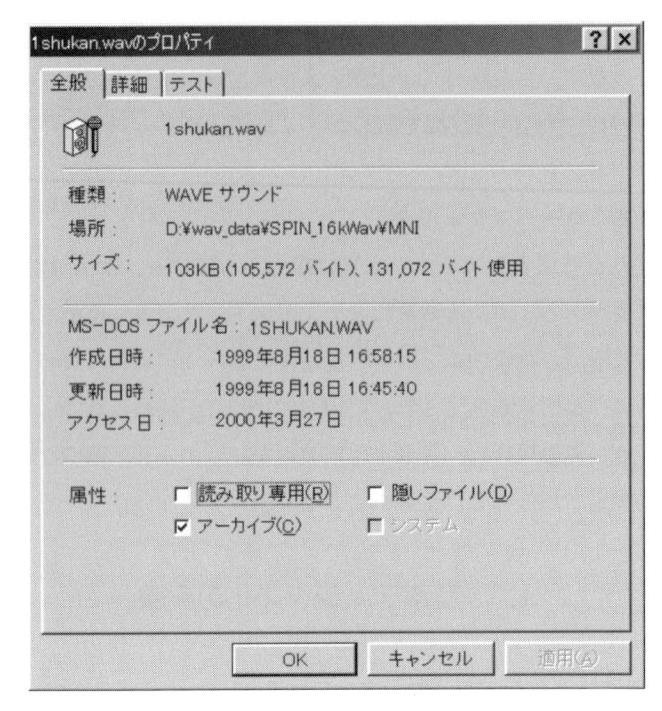

図4.5 サウンドファイルに対してその大きさ・作成日時などの情報を見る

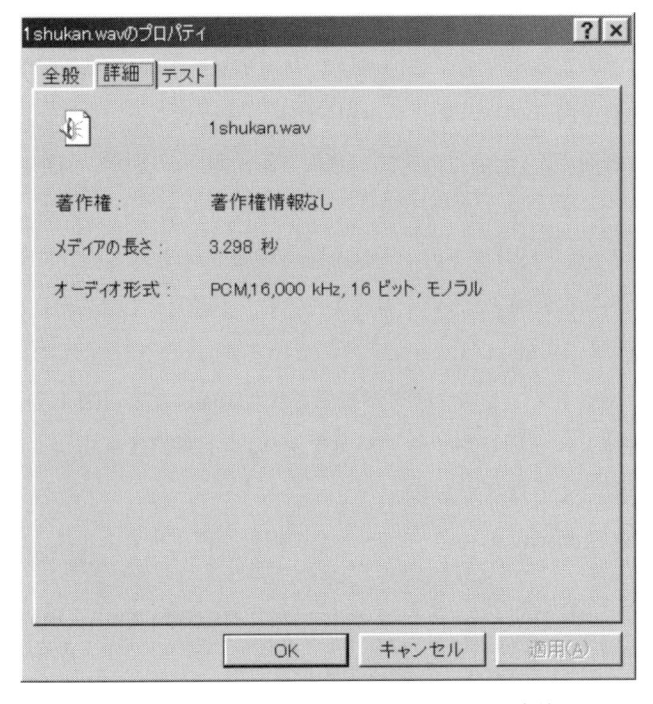

図4.6 サウンドファイルに対してそのディジタル化条件などの情報を見る

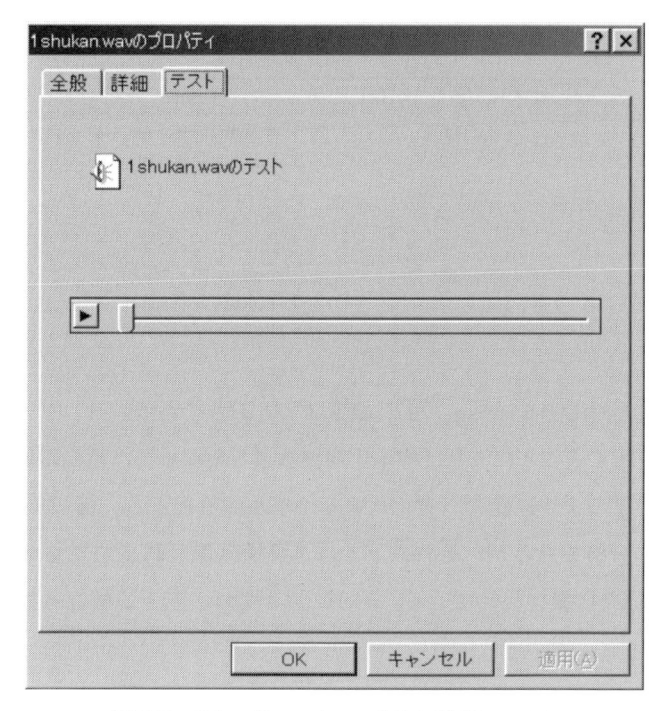

図 4.7 サウンドファイルの中身を試聴してみる

ルの標本化周波数は 16 kHz となっているが，本当は 22 kHz なのである（このようなファイルをどのようにして作成したかは，後述する）。そのようなわけで，このような変な音で再生されるのである。つまり，発声速度が 16/22 と遅くなり，かつ音の高さも 16/22 に低くなった音なのである。つぎに，1shu_11k.wav というファイルを選択し，再生せよ。このファイルの標本化周波数も 16 kHz になっているが，本当は 11 kHz なのである。この音声を再生すると，発声速度が 16/11 と速くなり，音の高さも 16/11 と高くなっている。上記の例では，復標本化周波数を元の 3 割も変更して復元しているので，異常なことにすぐに気が付く。

つぎに，1shu_18k.wav および 1shu_15k.wav というファイルを再生する。これらも，属性は標本化周波数 16 kHz となっているが，実際には 18 kHz および 15 kHz である。これらの音声は，もとの音声（1shukan.wav）とは異なるが，単独で聞くかぎりは，それほど不自然には聞こえない。つまり，1 割程度の標本化周波数の変化は，人間の音声として，許容される範囲に入っているものと推定される。

4.5.2 標本化周波数と音質

音声をディジタル化する際の標本化周波数による音質差を確かめる実験を行う。もとの広帯域の音声信号を DAT で繰り返し再生し，それを異なる標本化周波数で録音したものであ

46   4. 音 と 波 形

表 4.1 種々の標本化周波数でディジタル化した音のファイル名対照表

標本化周波数 [kHz]	ファイル名
44.1	1 shukan.44 k.wav
32	1 shukan.32 k.wav
22.05	1 shukan.22 k.wav
16	1 shukan.16 k.wav
12	1 shukan.12 k.wav
10	1 shukan.10 k.wav
8	1 shukan. 8 k.wav
6.4	1 shukan.064 k.wav

る。標本化周波数と対応するファイル名は**表 4.1** のとおりである。

　各ファイルを受聴することにより，標本化周波数（したがって，再生帯域）を下げていくに従って，音質がどのように変化（劣化）するかがわかるだろう。16 kHz までは原音とほとんど変わらない音質であるが，それ以下では了解性は保たれているものの，自然らしさ（肉声らしさ）が徐々に損なわれてくる。8 kHz 以下では，若干了解性も低下しているようである。

4.5.3 量子化ビット数と音質

　音声のディジタル化に際して（最大の）量子化ビット数を指定することはできるが，実際に何ビット使用するかまでは指定できない。サウンドカードの許容入力レベルに比べて小さいレベルの音声信号を入力すると，少ない量子化ビットでディジタル化されてしまう。ここでは，パソコンの処理により，少ない量子化ビットでディジタル化された場合の音声を作成し，比較受聴して，ディジタル化におけるレベル設定の重要性を実感してもらおう。

　MNI 発声の 1 shukan.wav は，波形振幅最大箇所の瞬時振幅値を測定する（マウスカーソルを最大振幅点に移動させ，ステータスバーに表示される振幅値を読み取る）と約 28 000 になっている。すなわち，この音声データは，16 ビットをフルに使ってディジタル化している（どうして，16 ビットを使っているといえるのか，わかるはずである。16 384～32 767 の間の瞬時振幅値をもつ標本があるからだ）。ここでは，このデータから，14, 12, 10, 8, 6 ビットで量子化したデータを作成することとしよう。

　音声工房で 1 shukan.wav のファイルを読み出す。［編集｜窓内波形選択］により，波形全体を選択する（窓内が灰色になる）。ついで，［処理｜振幅変更］を選択し，［振幅変更］のダイアログを出す。ここで，減衰値として，［入力］のラジオボタンを選択し，その右のテキストボックスに 12 dB と入力して，［OK］ボタンを押す。そうすると，1 shukan.wav の波形振幅が 1 / 4 に縮小したはずだ（［表示｜絶対振幅］が選択されている場合）。これで，14 ビットに量子化したデータに変換することができた。

どうして，14ビットに量子化されたことになるかを説明しよう。もとのデータが16ビットを使って量子化されており，14ビットに変換するには，その差が2ビットだから，つまり$1/4$（$2^2 = 4$）に削減すればよいのだ。

14ビットに変換して，振幅も$1/4$に減衰しているから，これをもとの振幅に戻すために，つぎのようにする。波形振幅が$1/4$になった1shukan.wavのデータに対して，[処理｜振幅変更]を選択し，[振幅変更]窓において，減衰値を$-12\,\mathrm{dB}$と指示する（12 dBの増幅を意図している）。そうすると，もとの振幅に戻った波形が表示される。この波形を1 shu 14 b.wavと名付けて格納しておこう。これで，振幅（したがって，音量）はほぼ同じで，14ビットに量子化されたファイルができあがった。

12 dB減衰させて，12 dB増幅させたのであるから，一見もとの信号に戻ったふうに思えるかもしれない。アナログ信号の場合はほぼもとに戻る（SN比が劣化する）が，ディジタルの場合はもとに戻らない。12 dB減衰させた時点で下2ビットの情報が失われ，12 dB増幅しても失われた情報は復元しないからだ。ビット操作に精通している人には，16ビットデータを（算術的）右シフト2し，左シフト2していると表現すればわかりやすいだろう。

同様に，12ビットで量子化するデータを作成するにはつぎのようにする。1 shukan.wavのデータを$-24\,\mathrm{dB}$振幅変更し$+24\,\mathrm{dB}$振幅変更する。変換後のファイルを1 shu 12 b.wavとする。同様にして，10ビット（$-36\,\mathrm{dB}$），8ビット（$-48\,\mathrm{dB}$），6ビット（$-60\,\mathrm{dB}$）に変換してみよ。

つぎに，16ビットのもとデータと14〜6ビットに変換されたデータを聞き比べてみよ。おそらく14〜10ビット量子化の音声は，16ビットの原音と区別がつかなかったのではないかと思う。6ビット量子化の音は，有音部に雑音が重畳しているのが聞こえたはずだ。この雑音が量子化雑音と呼ばれるものである。8ビット量子化の音声は，静かな環境でヘッドホンを用いて受聴すると，量子化雑音に気が付くはずだ。鋭い耳をもっている方は，10ビット以上の音でも量子化雑音に気が付くかもしれない。

この実験から，音声のディジタル化においては，最低でも10ビットの量子化が必要なことが理解できたことだろう。

4.5.4 過負荷雑音

つぎに，音声をディジタル化する際にオーバフロー（過大入力）させた場合，どのような音になるかを実験してみよう。まず，1 shukan.wavのデータを読み出し，[編集｜窓内波形選択]により波形全体を選択しておく。まず，[処理｜最適振幅変更]を選択すると，ただちに処理が実行され，図4.8のようなダイアログが表示されたはずだ。

ここで，[処理｜最適振幅変更]というのは，オーバフローさせない範囲で最大限波形振

48 4. 音 と 波 形

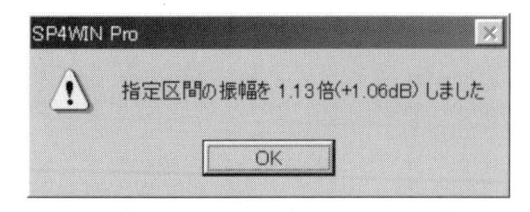

図 4.8 最適振幅変更を指示した際に表示されるダイアログ

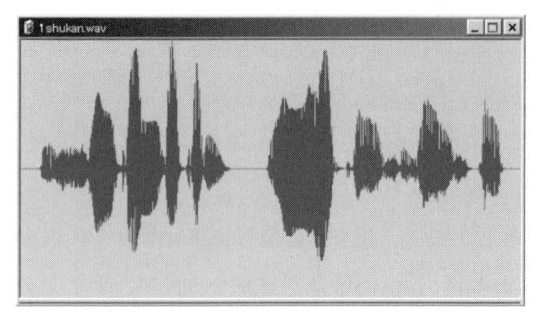

図 4.9 最適振幅変更後の波形。最大振幅値の箇所が上下の枠のどちらかに接している

幅を大きくすることである。図 4.8 で，[OK] ボタンを押すと，処理後の波形が**図 4.9** のように表示される。

すなわち，もとのデータにおける最大振幅値の箇所が，上下の枠のどちらかに接するように（いまの場合は，上の枠に）波形全体が一定倍されている。このデータを，1 shu_k0b.wav の名前で格納する。

6 dB 増幅（−6 dB 減衰）させると，波形の一部が上下の枠に届いてしまう。枠から出た部分は，データとしても最大値（最小値）に押さえられて（これを，クリップされるという）しまう。この結果を 1 shu_k1b.wav の名前で格納する。それをさらに 6 dB 増幅し 1 shu_k2b.wav で，さらに 6 dB 増幅し 1 shu_k3b.wav で格納する。

これら 4 種の音を聞き比べてみよう。6 dB 過大入力（相当）になった 1 shu_k1b.wav でも，一部分が，がさついた音に聞こえるはずだ。それが，12 dB あるいは 18 dB 過大になった二つのファイルでは，ほぼ全体にわたり，がさついた音になっていることがわかるだろう。このがさついた雑音のことを，過負荷雑音と呼んでいる。音声波形を観測しても，かなりの部分がクリップされていることがわかる。

本実験と先ほどの実験から以下のことがわかる。ディジタル化に際し，オーバフローさせるとすぐに（6 dB で）検知できる雑音が生じるが，少ないビット数で量子化しても（例えば，12 dB 低い 14 ビットで）雑音は検知されない。したがって，ディジタル化に際し，オーバフローさせるより，むしろ低めにレベル設定したほうがよい。

5. 音声波形を観測する

　この章では，まず，音声工房というソフトウェアにおいて音声の波形がどのように表示され，座標値を読み取るにはどうすればよいか，波形を振幅方向，あるいは時間方向に拡大して表示する方法，など基本的な事項について学ぶ。ついで，言語音声の波形が，音の種類によってどのような様子を示すかを，母音や子音の波形を実例として観測しながら学習する。さらに，日本語5母音の音声波形を詳細に観測し，ピッチ周期やホルマントなどの音声特徴量が音声波形にどのように現れているかについて学習する。

5.1 波形と波形包絡

5.1.1 波形の見方

　ここでは，サンプルデータ集に含まれている音声データを用いて，音声波形および波形包絡の観測法について説明する。まず，音声工房を立ち上げ，MNI発声の1shukan.wavというファイルを開いてほしい（**図5.1**）。このデータは，男性が「1週間ばかりニューヨークを取材した」と発声したもので，音声工房画面の最下段のステータスバー右側（座標表示領域）に表示されているように，3.2977sの長さの音声である。

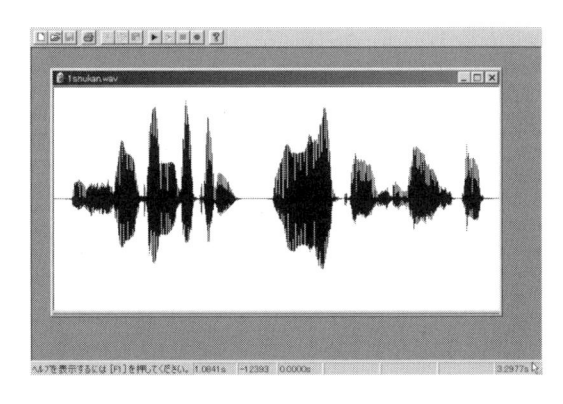

図5.1　音声工房においてサウンドデータを開いて波形を表示する

　このように，音声工房ではある長さの音声ファイルを，その長さに関係なく（ある大きさの）波形ウィンドウに表示される。この例のように，約2s以上の音声データを表示すると，音声波形というより音声波形包絡（音声波形のピークを結んだ波形）のようなものが表

示される。横軸は時間（右が正の方向）であり，縦軸は瞬時振幅を示している。瞬時振幅は，瞬時音圧，あるいはそれを電気変換した瞬時電圧に対応する。机上でマウスを動かすと，矢印のカーソル（マウスカーソルという）が対応する方向に動く。マウスカーソルを波形ウィンドウのなかに入れると，矢印の先端の座標値が座標表示領域に表示される。

図5.2に，座標表示領域に表示される数値と波形ウィンドウの対応を示す。座標表示領域の左から二つの領域は，カーソルのX座標とY座標を示している。3番目の領域は，波形ウィンドウの開始点位置を，右端の領域（領域7）は終了点位置を示している。4番目と5番目の領域は，図のように，波形選択領域の始点と終点の位置を示しており，6番目の領域には，始点と終点の間の間隔が示されている。

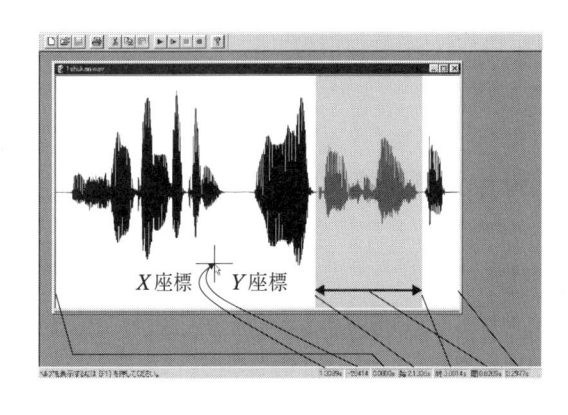

図5.2 座標表示領域に表示される数値と波形ウィンドウとの対応

横軸は秒単位の時間で表示されており，標本値個数単位に変更することもできる（[表示｜時間表示｜サンプル数]と指定する）。縦軸は，16ビットで表現可能な数値（$-32\,768$〜0〜$32\,767$）により，瞬時振幅を表している。マウスを動かすと，この座標表示領域の値（領域1と2）が変化する。しかし，表示される値は，飛び飛びになっている。

例えば，時間は，0.005 s，0.010 s，0.015 s，0.021 s，というように，振幅値は，0，255，511，767，1 023 というように変化する。飛び飛びの値しかとらないのは，つぎの理由による。パソコンのディスプレイは，例えば横方向1 024点，縦方向768点に表示点（ピクセル）が配置されており，1表示点当りにある幅の座標値が対応しているからだ。この理由により，波形ウィンドウを拡大すると，座標分解能は異なってくる。つまり，なるだけ細かく座標値を読み取りたい場合は，音声工房および対象の波形ウィンドウを最大化して表示しておけばよい。

5.1.2 波 形 包 絡

さらに，1shukan.wavの音声波形（包絡）の観測を続ける。波形ウィンドウの左端で上下方向のほぼ中間の細い線（振幅値は0）から右方向に進んでいくと，上下に幅のある黒い

部分（これを，音の塊と呼ぶことにする）が現れ，また細い区間が現れるとすぐにつぎの幅の広い区間（音の塊）が現れる。この細い区間は音声のない区間（無音区間）であり，幅の広い区間が音声区間である。（定常的な）雑音の混入したデータの場合には，この細い線がある幅をもっている。逆に，無音と思われる区間に上下の幅が太くなっている場合は，それだけ雑音が混入していることがわかる。

1shukan.wavの場合，数個の音の塊に無音区間が続き，さらに数個の音の塊が続いている。音の塊1個が，ほぼ1～2音節に対応している。音声波形を部分指定して，その部分を再生（部分再生）して，内容を確かめよう。

時間軸が0.11s（付近）から0.44sまでの部分をマウスドラッグで選択せよ（0.11sの箇所でマウスの左ボタンを押し，そのまま右に滑らせ，0.44sのところでボタンを離す）。そうすると，その区間が灰色に表示されたはずだ。この状態で，部分再生ボタンを押してみよ。「イッシュ」というように再生される。続いて，0.44sから0.65sの区間は「ウー」（あるいは「シュー」），0.65sから0.94sの区間は「カン」，0.94sから1.07sの区間は「バ」，1.07sから1.19sの区間は「カ」，1.19sから1.38sの区間は「リ」と再生されたはずだ。

同様にして，いろいろの箇所を部分再生して，波形包絡と音声内容の関係を調べてみよ。なお，あまり時間の短い箇所を指定すると，何と話しているのかわからないこともある。また，振幅の大きな箇所を始点あるいは終点に指定すると，クリック音が聞こえたりする。上で調べた波形各部の発声内容を図5.3に示す。

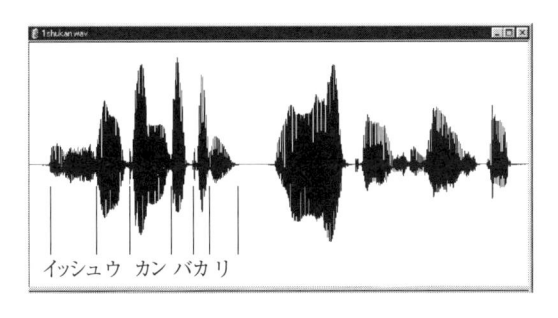

図5.3 波形区間に対応する発声内容を記す

このように音声データ中の各位置がどのような発声内容であるかを調べる作業をラベリングと呼んでいる。すなわち，波形の観測と部分再生の機能により，ラベリングが（ある程度）可能なのである。

録音レベルが低い音声データの場合，音声波形が中心線付近に小さく表示され，上下に大きな領域が空いている場合がある。これを上下方向に拡大して表示するには，［表示｜相対振幅］を指定する。そうすると，瞬時振幅の絶対値が一番大きな箇所が，上下どちらかの枠に接するように全体が拡大表示される。もとに戻すには，［表示｜絶対振幅］を指定すれば

よい。

ときには，（振幅の大きな部分は飽和してもかまわないから）振幅の小さい部分の波形を詳細に観測したい場合がある。それには，［表示｜振幅倍率変更］を選択し，現れる倍率（［等倍］〜［16倍］）のどれかを選択すればよい。**図5.4**は，上記の短文中の「ばかり」の部分を取り出し（つぎに述べる部分表示），そのうちのkの破裂の部分を4倍拡大表示したものである。この表示により，破裂時の複雑な波形（包絡）がよりよく観測できる。

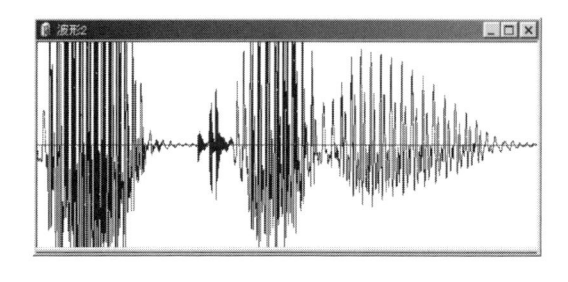

図5.4　振幅拡大表示により小さな振幅の子音部を観測する

5.1.3　時間軸方向に拡大して波形を観測する

上記のようにファイル全体の波形を波形ウィンドウに表示していると，波形の時間的構造の詳細を観測することはできない。波形の詳細を観測するために，横軸（時間軸）を拡大して表示するには，つぎに示す二つの方法がある。

（1）部分表示　　もとの波形から詳細表示したい部分を選択し，新しい波形ウィンドウに貼り付ける方法である。それには，つぎのように操作する。もとの波形から詳細表示したい箇所をマウスドラッグで指定し，［編集｜コピー］する。ついで，［ファイル｜新規作成］により新しい波形ウィンドウを開き，［編集｜貼り付け］により貼り付ける。これにより，希望の箇所をウィンドウ一杯に表示できた。**図5.5**にこの様子を示す。

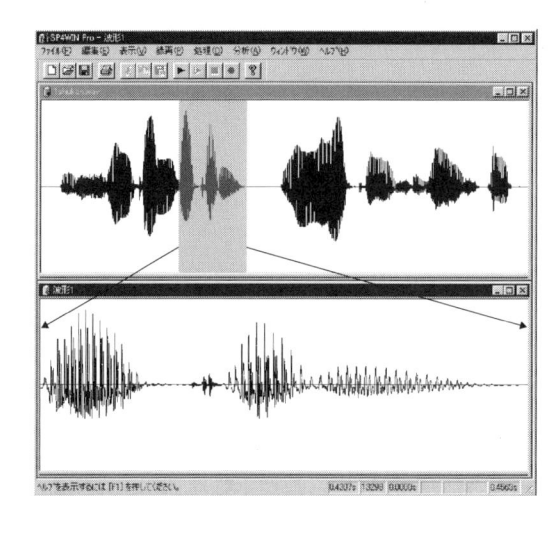

図5.5　部分表示により波形区間の横軸を拡大して表示する

5.1 波形と波形包絡　53

（2）スクロール表示　　もとの波形のある長さの部分を波形ウィンドウに表示し，かつスクロールボタンにより表示箇所を前後に移動できるように表示する方法である．つぎのように操作する．もとの波形から拡大表示したい時間幅をマウスドラッグで指定する．ついで，［表示｜指定区間］を押す．この操作により，最下段にスクロールバーが付いた波形ウィンドウになり，**図 5.6**に示すように指定部分が拡大表示される．左右の矢印ボタンをクリックすると，その方向にずれた部分の波形が表示される．スクロールボタンをドラッグすると，表示部分を大きく変更することができる．

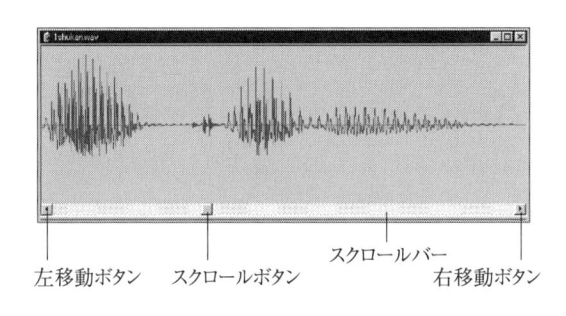

図 5.6　スクロール表示により波形区間の横軸を拡大して表示する

しばしば，全体波形と詳細波形の両方を表示したい場合がある．そうするには，つぎのように操作すればよい．スクロール表示している状態で，［ウィンドウ｜新しいウィンドウを開く］を指示する．そうすると，もとの波形が 1 shukan.wav.1 となり，新しい窓が 1 shukan.wav.2 という名前で開き，1 shukan.wav の全体波形が表示される．［ウィンドウ｜並べて表示］を指示すると，上下に全体波形とスクロール波形が並べて表示されるので，見やすくなる．この様子を**図 5.7**に示す．

なお，スクロール画面を選択した状態では，座標表示領域の領域 3（開始点）には選択した始点位置が，領域 7（終了点）には選択した終点位置が表示されている．

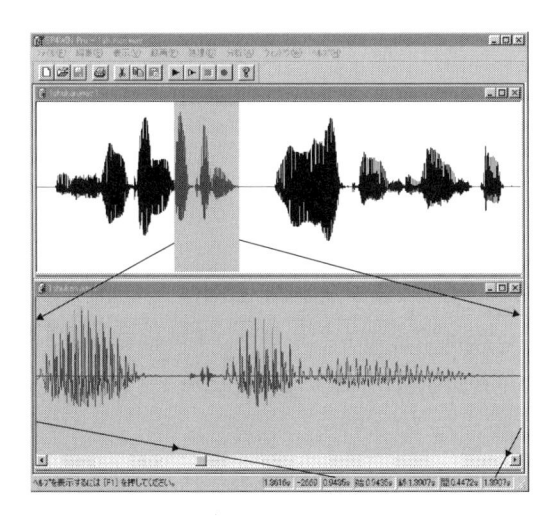

図 5.7　全体波形とスクロール波形を並べて表示する．また，その際の座標表示領域の見方を示す

スクロール画面は，全体波形のなかでスクロールボタン位置に相当する部分が拡大表示されているとみることができる。スクロールボタンを押して，サンプル音声のいろいろな箇所の音声波形を観測してみよ。なお，スクロール波形である領域を選択すると，全体波形の対応する領域も網掛け状態で表示される。

5.1.4 音声波形の見方

つぎに，詳細な音声波形の見方を説明する。音声波形は，大まかには，つぎの三つの部分から構成されている。

① 概周期的波形　　例えば，1shukan.wav における 0.443〜0.630 s の区間の波形。
② 単発的な波形　　例えば，1shukan.wav における 0.238〜0.443 s の区間の波形。
③ 不規則な波形　　例えば，1shukan.wav における 1.086〜1.113 s の区間の波形。

これら三つの波形を図 5.8 に並べて示す。ただし，下の二つは，振幅倍率 4 倍で表示している。

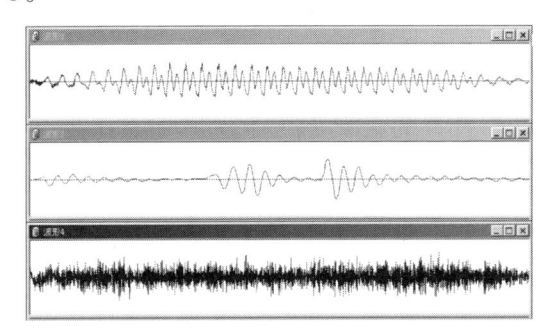

図 5.8　音声波形には 3 種の波形が現れる。上から，概周期的波形，単発的な波形，不規則な波形

概周期的（ほぼ周期的な）波形は，減衰正弦波状の 1 周期波形（例えば，1shukan.wav では，0.490〜0.496 s の間の波形）が，時間とともに，振幅，周期，および波形形状を少しずつ変化させながら連続している。1 周期波形の形状は，発声内容（具体的には，母音の種類など）によって異なる。概周期的波形の振幅は，他二者の振幅に比べて，かなり大きい。

単発的な波形には，減衰正弦波状の波形が 1〜3 個現れている。その振幅は比較的小さいので，スクロール表示すると，0 レベル付近を小さく波打っているように見える。上図の場合は，単一周波数の減衰正弦波のように見えるが，その形状は音の種類や発声の仕方により異なる。

不規則な波形は，短い周期でやたら鋭く変化する波形である。振幅はそれほど大きくないので，（短い区間を指定した）スクロール表示では，0 レベル付近にある幅で表示されているだけで，激しく変化しているように見えないかもしれない。上の図のように拡大表示すると，その変化の様子が観測できる。

概周期的波形は，母音部，鼻音，などで生じている。単発的な波形は，破裂性の子音部な

どで生じる。また，不規則な波形は，摩擦性の子音部などで生じる。日本語の音声は，子音＋母音の形をとるので，単発的波形に概周期的波形が接続したり，不規則な波形に概周期的な波形が続いたりする。また，概周期的波形からつぎの概周期的波形に徐々に移り変わることもしばしば見受けられる。その場合，境界付近では，二つの概周期的波形の中間的な波形を示している。

5.2 言語音声と音声波形

ここでは，日本語音声の発声内容に対応させて音声波形を観測しよう。各言語音の有する特徴は，後述する各種分析結果を利用するとよりわかりやすいが，音声波形だけからでもいろいろな点が明らかになる。

5.2.1 母音の波形

ここでは，日本語の母音の音声波形を観測する。なお，母音波形を詳細に観測し，基本周波数やホルマントなどを求める方法については，5.3節で説明する。

日本語5母音を，それぞれ単独に発声した（離散発声と呼ぶ）音声を観測することから始める。ここでは，サンプル音声データに含まれている，MNI発声のa_e_i_o_u.wavというデータを用いる。自分の発声データを観測するのもよいであろう。

音声工房を用いて，a_e_i_o_u.wavというファイルを開いてみよ。まず，［全体再生］して発声内容を確認せよ。この音声波形には，5個の音の塊が，時間的にきれいに分離して存在している。それぞれの音の塊が，5母音（「あ」，「え」，「い」，「お」，「う」）に対応している（図5.9）。

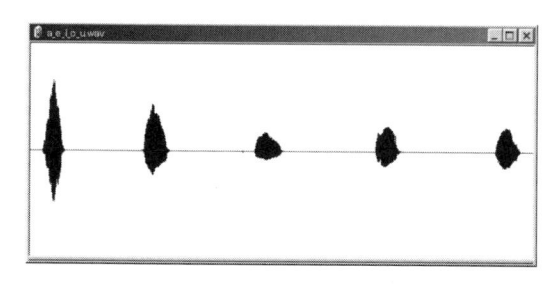

図5.9 日本語5母音の波形（波形包絡）

この波形包絡から，つぎのことが言える。
① （本発声者の本発声では。以下同じ）5母音のレベル差が観測され，あ＞え＞お＝う＞い　になっている。
② 波形は上下非対称で，上側（プラス側）のほうがやや大きい。
③ 各母音音声の時間長は，ほぼ同じである（0.25〜0.32 s）。

④ 「あ」と「え」は，包絡線が三角状であり，（振幅が一定である）定常的な部分があまりない。

⑤ 「い」と「お」には，（振幅がほぼ同じ）定常的な部分が含まれている。

つぎに，各母音の波形を時間軸拡大して観測することにする。それには，100 ms 程度の長さの区間を指定してスクロール表示すればよい（図 5.10）。

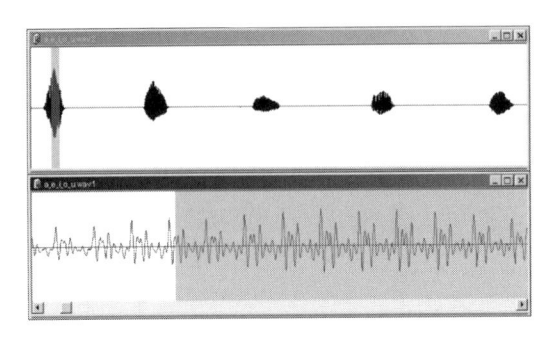

図 5.10 波形スクロール機能により日本語 5 母音の詳細波形を観測する

観測の結果，つぎのことがいえる。

① 各母音の前部および後部それぞれ数周期は，周期波形が乱れているが，残りの部分は，ほぼ 1 周期波形が，振幅を変化させながら連続している。

② 「あ」の 1 周期波形は，単純な減衰正弦波よりもかなり複雑である。

③ 「え」の 1 周期波形は，大まかには減衰正弦波的であるが，詳しくは，減衰正弦波に細かい振動が重畳したような形である。

④ 「い」の 1 周期波形は，大まかには単純な三角波的であり，それに細かい振動が重畳した形になっている。

⑤ 「お」の 1 周期波形は，形の乱れた減衰正弦波のようである。

⑥ 「う」の 1 周期波形は，少し形の乱れた減衰正弦波のようであるが，前半には，1 周期内に 3 個の山があり，後半は 2 個の山があるように変化している。

つぎに，日本語 5 母音を連続して発声したデータ aoiue.wav を観測しよう。これは，「あおいうえ（青い上）」と，意味がある語のように発声したものである。したがって，各母音の間に無音区間はなく，ひと塊になっている。全体波形と，100 ms 程度の区間長を指定した部分波形を表示させよう。（図 5.11）

観測の結果を述べると以下のようになる。

① 0.26 s 付近で，「あ」のやや複雑な 1 周期波形から，「お」の単純な 1 周期波形に移っている。したがって，最初からこの付近までを［部分再生］すると「あ」と聞こえる。

② 「あ」の区間である 0.26 s 付近までの間にも，振幅は複雑に変化している。

③ 「お」から［い］に移る途中の，0.40〜0.415 s 付近では，「お」や「い」の波形でなく，その中間の波形でもない複雑な波形を示している（開母音から閉母音へ，調音器官

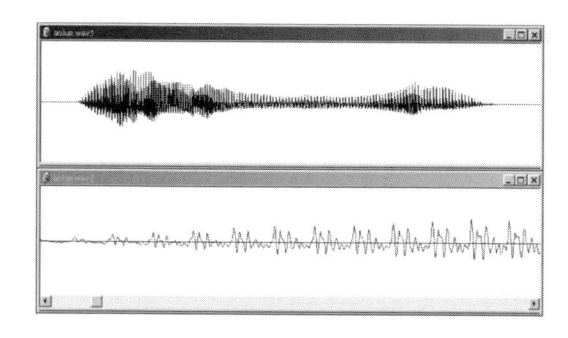

図 5.11 連続発声した日本語 5 母音の全体波形とスクロール波形

が大きく変化した）。

④ 0.26～0.40 s までを［部分再生］すると「お」と聞こえる。

⑤ 0.415～0.47 s 付近までは，0.47 s 以降の［い］と少し異なる波形を示している。その区間を再生すると，「ウィ」のように聞こえる。

⑥ 「い」の波形の区間は，0.47～0.75 s 付近までである。この区間を［部分再生］すると，ほぼ「イー」と聞こえる。

⑦ 0.75 s 付近から徐々に「う」の波形に近くなり，1.00 s 付近まで，「う」の波形が持続する。0.75～1.00 s までを再生すると［う］と聞こえる。

⑧ 1.00 s 付近から 1.02 s 付近までは，「う」から「え」の音への遷移区間であり，0.75～1.02 s までを［部分再生］すると「ウーェ」と聞こえ，1.00～1.20 s までを［部分再生］すると，「ゥエー」と聞こえる。

以上の例は，母音のみからなる語を連続発声した場合であり，連続する母音の間には，遷移区間が観測され，ときには（開母音から閉母音への遷移区間）別の音に聞こえるような区間も存在する。通常の日本語音声のように，母音と子音を含みながら連続発声した場合，このような現象はさらに複雑になる。

5.2.2 子音の波形

つぎに，日本語の子音の波形を観測しよう。日本語の場合，子音は単独で発声されるのはまれで，ほとんどの場合後ろに母音を伴う。かつ，子音が連続することはない。このような点から，日本語の子音は，後続する母音の影響を受ける場合が多い。

〔1〕 **無 声 閉 鎖 音**

無声閉鎖音（破裂音ともいう）を含む音声として，kataparuto.wav というファイルを開いてみよ。このデータは，（連続的に）「かたぱると」と発声しており，4 個の無声閉鎖音を含んでいる（**図 5.12**）。

この波形を観察すると，「か」，「た」，「ぱる」，「と」と 4 個の波形の塊がある。閉鎖音を発声する場合，声道内にいったん閉鎖をつくり，急激にそれを解いて（破裂させて）調音し

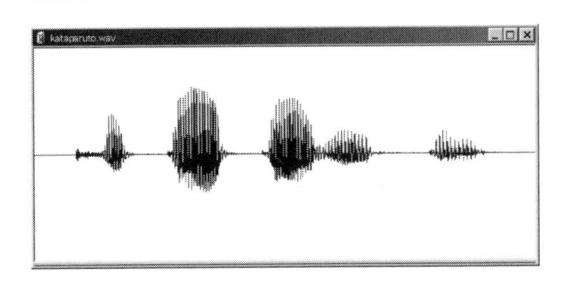

図5.12 無声閉鎖音を含む単語音声の波形

ている（/p/の場合は両唇，/t/の場合は歯茎，/k/の場合は軟口蓋）。この閉鎖の時点では，音が生成されていないので，上記の波形に見るように無音区間（レベルの低い正弦波状の音があるが）になる。これを，閉鎖休止区間（stop pause）と呼んでいる。無音区間といっても 0.1 s 程度であり，息継ぎなどのための無音区間より，短いのが特徴である。したがって，内容未知の音声波形を観測する場合，短い無音区間があると，そこは閉鎖休止区間であり，その後ろに閉鎖音があることが推定される。

さらに，kataparuto.wav の波形観測を続けよう。無声閉鎖音の波形は，無音区間に続き，振幅が小さい不規則な波形の区間が続き，その後に振幅の大きな母音区間が続いていることが観測される。不規則な波形は，閉鎖の後の破裂により生じたものである。/k/の不規則波形の区間はかなり長く 50 ms 程度ある。/t/と/p/の不規則波形は 10〜20 ms と短く，波形もそれほど複雑ではない。両者は区別しにくいのだが，/p/のほうが波形が単純で，単発的(母音との間に平らな区間がある)なところから，なんとか判別することができる。

〔2〕 有 声 閉 鎖 音

有声閉鎖音を含む音声として，bagudaddo.wav というファイルを開いてみよ。このデータは「ばぐだっど」と発声しており，4個の有声閉鎖音を含んでいる。この波形では，音節ごとに波形の塊は生じず，少なくとも前三つの音節は波形として接続している（図5.13）。

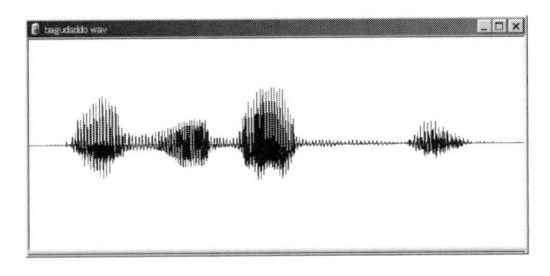

図5.13 有声閉鎖音を含む単語音声の波形

このように，有声閉鎖音の場合は，閉鎖休止区間（stop pause）は現れず，前の母音の後には（正弦波状の）単純な波形の区間（振幅は，母音部に比べて小さい）が続き，その後つぎの母音区間に移る。

語頭の「ば」の先頭には，振幅の小さい不規則波形が生じており，これが/b/の音を形成しているものと思われる。この不規則波形だけでは，/b/の音と識別することは困難であ

り，無声閉鎖音とも識別が困難である．最終音節の「ど」の波形は，かなり孤立気味であるが，これは閉鎖音によるものというより，促音（つまる音）によるものと思われる．第2音節の/g/の波形と，第3音節の/d/の波形はよく似ており，識別することは困難だろう．第3音節の「だ」の終わりに続く，やや振幅の小さい部分は，つぎに「ど」という音節を発声することを意識した促音発声のために生じたものであり，音の種類という観点では特に意味をもたない部分である（/d/という有声歯茎閉鎖音を発声するために，歯茎に舌を圧し，息をため込んだ際に出た音であろう）．

〔3〕摩 擦 音

摩擦音を含む音声として，sushizumejotai.wav というファイルを開いてみよ．このデータは「すしずめじょうたい」と発声しており，無声摩擦音2個（s と sh）と有声摩擦音2個（z と dz）を含んでいる．この波形は，3個の波形塊からなり，最初の波形塊に「すしずめ」と発声されている（図 5.14）．

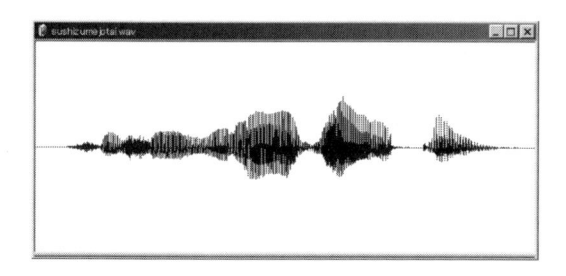

図 5.14 摩擦音を含む単語音声の波形

0.23 s 付近までは/s/の音が，そこから 0.31 s 付近までは/u/の音が，そこから 0.41 s 付近までは/sh/の音が発声されている．その後，波形は連続的に変化していき，0.41 s 付近から 0.50 s 付近までは/i/の音が，0.50 s 付近から 0.63 s 付近までは周期波形に不規則な雑音が重畳した波形を示しており，「ず」の音が，その後は 0.68 s 付近まで/u/の音が，そこから 0.74 s 付近までは/m/の音が，それに続き 0.95 s 付近まで/e/の音が続いている．さらに，0.96 s 付近から 1.01 s 付近までは周期的波形に雑音が重畳した「じょ」の音が，その後 1.25 s 付近まで/o/の音が続いている．

無声摩擦音の/s/と/sh/を比較すると，後者のほうがレベルが大きく，かつ振幅の変動が激しいことが観測される．一方，有声摩擦音の/z/と/dz/は，両者とも周期的波形に重畳する形をとり，波形のみから両者を識別することは難しい．

〔4〕鼻　　　音

のど奥の軟口蓋が下がった場合に，肺からの空気が鼻腔に流れ込み，鼻腔で共鳴して鼻孔からも出てくる音を鼻音と呼んでいる．鼻腔での共鳴からもわかるように，鼻音は母音的な特性を示している．

鼻音を含む音声として mannen.wav というファイルを開いてみよ．このデータは「まん

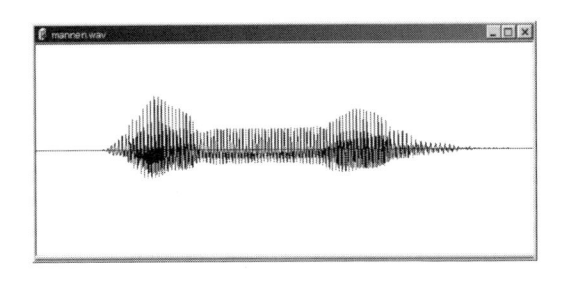

図 5.15 鼻声を含む単語音声の波形

「ねん」と発声しており，振幅変化はあるものの，一つの波形塊からなっている（図 5.15）。

波形観測し，かつ［部分再生］して，波形各部分の発声内容を調べると，以下のことがわかる。はじめから 0.19 s 付近までは，/m/ の音が発声されており，その後 0.33 s 付近まで /a/ のような波形を示している。しかし，0.19〜0.33 s までを［部分再生］すると「ま」のように聞こえる。これは，前部では /m/ の影響が残っており，かつ全体的に /a/ の発声が鼻音化（発声時に鼻むろにも気流を抜いている）しているためであろう。

0.33 s 付近から 0.60 s 付近までは「ん」の発声箇所であり，音としては /ng/ に近い音になっている。0.60 s 付近から 0.64 s 付近までは，/n/ の音から後ろに続く /e/ の音の中間的な波形を示しており，0.64 s 付近から 0.73 s 付近まで，/e/ の音になっており，その後 /n/ の波形になっている。最後の「ん」の区間の波形は，0.33〜0.60 s までの「ん」の区間の波形とは若干異なっており，前者は /ng/ の音，後者は /n/ の音になっていることによるものと推定される。

〔5〕半　母　音

唇，舌，口蓋などの調音器官が上下接近して発声される音を接近音と呼んでいる。接近音のなかで，接近の程度が低く，つぎの母音にすぐに移っていく音を半母音と呼んでいる。その名称は，母音よりも調音器官が狭まっていることからきている。

半母音を含む音声として，yawai.wav というファイルを開いてみよ。このデータは「やわい」と発声しており，途中にくぼみはあるものの，一つの波形塊として発声されている。0.19 s 付近までが半母音 /y/ の部分であり，その後母音 /a/ が 0.31 s 付近まで続いている。0.31 s 付近から 0.36 s 付近までが半母音 /w/ の部分であり，その後母音 /a/ に続いている（図 5.16）。

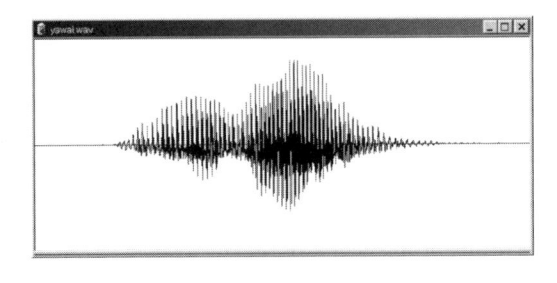

図 5.16 半母音声を含む単語音声の波形

/y/の始まりの波形は，他とかなり異なるが，その後の/y/の波形および/w/の波形は，母音/a/の波形と似ており，過渡部の波形であることが納得される。

5.2.3 発声様式の変化

日本語音声においては，前後の音節の種類によって，挟まれる音の発声様式が変化する（方言により異なる場合がある）ことがある。

〔1〕 無 声 母 音

日本語の母音の「い」と「う」は，（東京方言では）ある種の音韻環境下では，無声化することが知られている。その環境というのは，閉鎖音（あるいは摩擦音）に挟まれ，アクセントを有しない音の場合である。無声化母音の例として，FJI 発声の chishiki.wav と kokitsukau.wav のファイルを開いてみよ（図 5.17）。

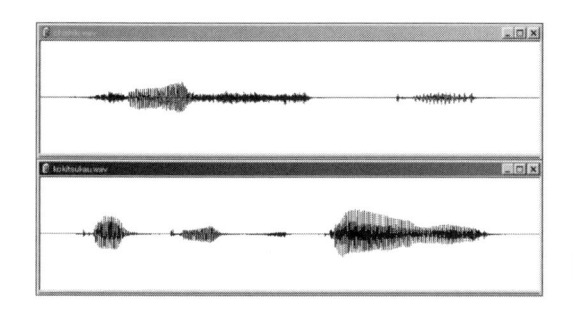

図 5.17 無声化した母音音声の例

これらは，それぞれ「ちしき」，「こきつかう」と発声したものである。「ちしき」の発声データの場合は，摩擦音/sh/に続く母音/i/の部分はなく，完全に無声化していることがわかる。「こきつかう」の発声データの場合は 4 個の波形塊になっており，3 番目の波形塊が雑音状になっており，ほとんど/ts/の音のみで母音区間がないことがわかる。なお，発声者 MNI の場合には，母音区間が非常に短くなっているだけで，完全には無声化していない。

無声母音は，文尾でも生じる。その例として，MNI 発声の soodesu.wav を開いてみよ。これは，「そおです」と発声している（図 5.18）。

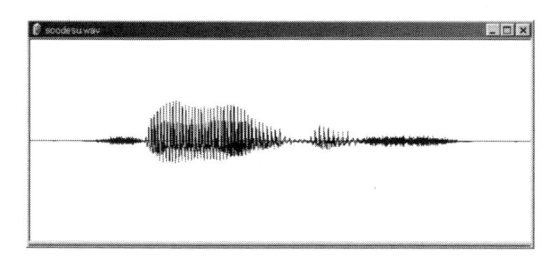

図 5.18 文末において無声化した音声の例

最も後ろの波形塊は，最後の/s/の音で，母音の/u/は完全に無声化し現れていない。なお，FJI 発声の「そおです」の場合は，完全には無声化していない。波形を観測されたい。

〔2〕 鼻 音 化 母 音

東京方言では，語中のガ行音は原則として，鼻音化することが知られている。このような例として，FJI 発声の gogatsu.wav というファイルを開いてみよ。最初から 0.24 s 付近までは /g/ の波形であり，それに続いて 0.355 s 付近までが /o/ の波形である。0.355 s 付近から 0.423 s 付近まで /g/ の波形であり，その後 /a/ の波形に続いている。この /a/ の波形は，（鼻音化していない）通常の /a/ の波形と大差なく，波形を見たかぎりでは鼻音化していることを識別することは困難である。図 5.19 において，上の波形は鼻音化している「あ」の発声であり，下の波形は鼻音化していない 5 母音発声時の「あ」の波形である。

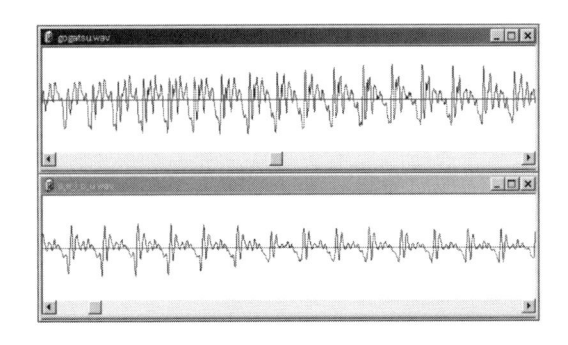

図 5.19 鼻音化した母音「あ」の波形（上）としていない波形

5.2.4 長 音

日本語の母音は，しばしば長音の形で発声される。ここでは，長音を短音と対比させながら，その波形を観測しよう。ここでは，同じ構成音韻からなり，長音を 0〜2 個含む単語 4 個の波形，shojo.wav（処女），shojoo.wav（書状），shoojo.wav（少女），shoojoo.wav（症状）を観測することにしよう。これらのファイルは全長が約 1.0 s にそろえてあり，音声工房で表示した際に，ある時間長の波形が 4 個とも同じ幅で表示されるようにしてある。図 5.20 にこれら 4 個の波形を示す（左上―右上―左下―右下の順）。

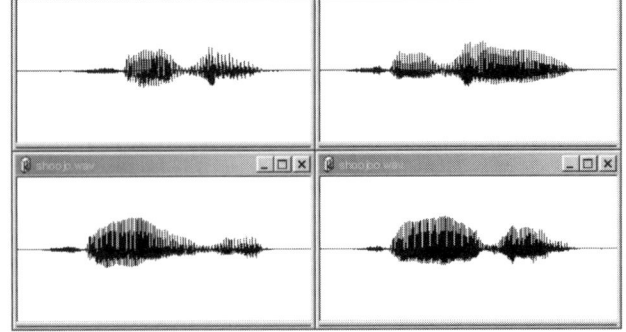

図 5.20 長音を含む音声波形の比較。左上：処女，右上：書状，左下：少女，右下：症状

4個の波形を観測することにより，以下のことがわかる。語頭の/sh/部分の継続時間は約110〜120 ms とほぼ同じである。長音化されていない「しょじょ」と「しょじょう」の第1音節の/o/の音は，約 140 ms でほぼ同じ長さである。長音化された「しょうじょ」と「しょうじょう」の第1音節の/o/の音は，それぞれ 350 ms，330 ms と短音の場合の約 2.4 倍の継続時間になっている。

一方，第2音節に含まれる/dz/の音は，53〜70 ms とやや差がある。「しょじょ」と「しょうじょ」の第2音節の長音化されていない/o/の音は，約 150 ms とほぼ同じであり，この値は，長音化されていない場合の第1音節の/o/の長さとも大して変わらない。「しょじょう」と「しょうじょう」の長音化された第2音節の/o/の音は，それぞれ 340 ms，260 ms とかなり差がある。この長さは，短音の場合のそれぞれ，2.3 倍，1.7 倍と十分大きく，短音に聞き誤られないように十分長く発声している。

ここでは，日本語に現れる長音を継続時間の観点から観測したが，アクセントの有無や，紛らわしい単語の有無などの他の要素も継続時間に影響するものと推定される。

5.2.5 連 母 音

日本語における連母音というのは，2個以上の母音がそれぞれの性質を保ちながら連続するものをいう。英語の発声などで，母音が性質を変えながらつぎの母音に変わっていくものを，音声学では二重母音と区別して呼んでいる。

図 5.21 は，男性 MNI が「あいおい」と発声した波形（aioi.wav）である。

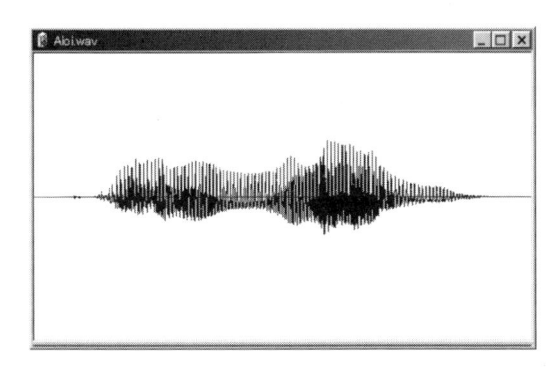

図 5.21 連母音の波形

4個の母音がつぎつぎに変化していき，第2母音の「い」の部分にやや長い定常部があるほかは，過渡的な部分が占めている。スクロール波形を観測すると，最初から 0.248 s 付近までが「あ」，続いて 0.498 s 付近までが「い」，0.641 s 付近までが「お」，0.641 s 以降が「い」になっている。しかし，それぞれの区間を部分再生すると，単独の母音には聞こえず，前後の母音が混ざったような音になっている。この例のように，開母音と閉母音が遷移する場合には，その境界付近に中間的な性質の区間が生じている。

5.3 母音の詳細波形を読む

ここでは，母音の詳細波形を母音種別に対応させながら観測し，音声の基本周期やホルマント周波数などの特性量を波形から求める方法についても紹介する。

5.3.1 母音の1周期波形

これまでに観測してきたように，母音区間では，立上がり部とつぎの音に続く遷移部を除いて，概周期的な波形が連続することがわかった。この1周期の波形は，母音の種類によって異なり，減衰正弦波のような波形，ギザギザしながら減衰する波形，などさまざまである。ここでは，母音種別ごとに，1周期波形を詳細に観測しよう。ここでは男女各1名の発声データを観測対象にする。

MNIとFJI発声のa_e_i_o_u.wavを開いてみよ。このファイルは，「あ え い お う」と5母音を切りながら発声した（離散発声という）ものである。両全体波形から，5周期程度の長さを部分表示するよう表示区間を設定せよ（MNIは40 ms，FJIは30 ms程度の長さ）。

まず，「あ」の波形から観測する。男性MNIの1周期波形は，減衰正弦波からほど遠く，大きな山谷のあとに，上がりきらずに小さな2個の山が続き，ついで少し大きな谷と山が続き，ついで振幅の小さな山谷が続いて，最初の大きな山に接続する形になっている（図5.22）。

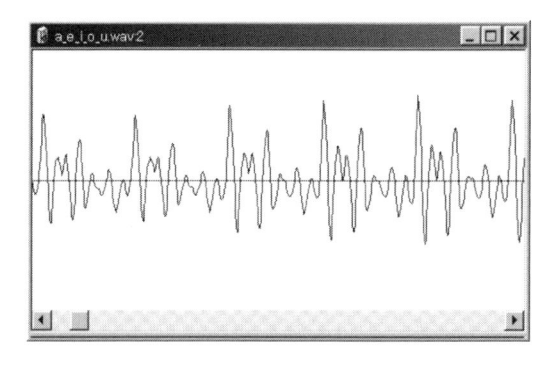

図5.22 男声の母音「あ」の詳細波形

一方，女性FJIの1周期波形は，減衰正弦波が崩れたような形をしており，深い谷から大きな山が現れ，それに続いて大きめの谷と山が生じ，そこから3個程度小さな山谷が続いた後，深い谷に向かってギザギザしながら落ちていくというふうである（図5.23）。

このように，「あ」の波形は男女発声者により異なるが，ともに1周期内に複雑に変化する成分が含まれることがわかる。

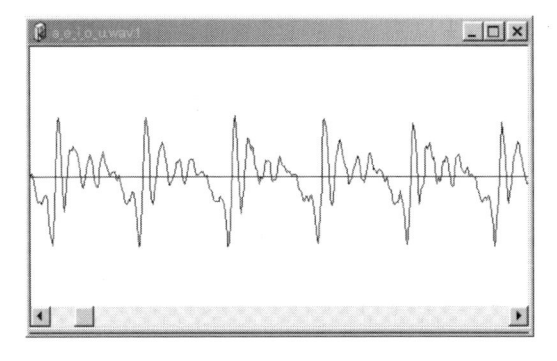

図 5.23 女声の母音「あ」の詳細波形

つぎに，「え」の波形を観測する．男性 MNI の 1 周期波形は，比較的単純な形をしており，1 周期のなかに大まかに 3 個の山谷がある．最も大きな山は双頭からなっており，他の 2 個の山もくびれがある．谷の部分も，2 個の小さな谷に分かれたような形をしている（**図 5.24**）．このような波形は，減衰正弦波に，それよりかなり周期の短い波が重なってできたものと推定される．

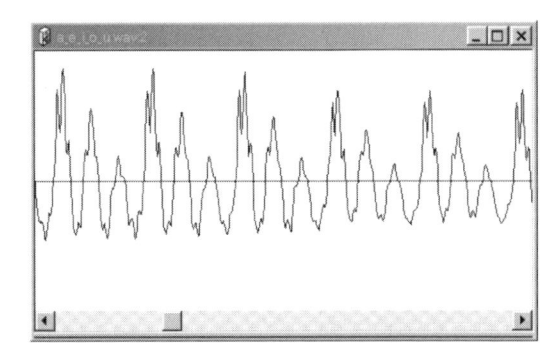

図 5.24 男声の母音「え」の詳細波形

一方，女性 FJI の 1 周期波形も，比較的単純な形をしている．1 周期のなかに大きな谷山と中ぐらいの谷山が 1 個ずつあり，全体に細かい山谷が重畳している（**図 5.25**）．この波形からも，「え」の音は，減衰正弦波に，それよりかなり周期の短い波が重なってできたものと推定できる．

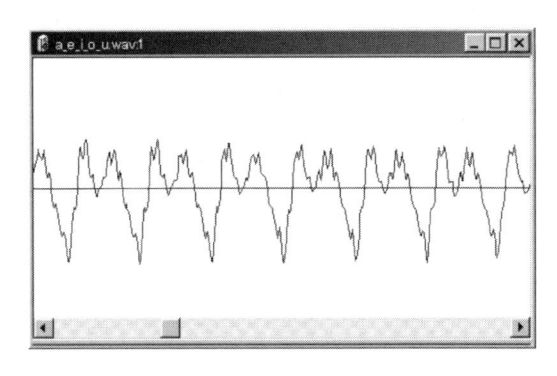

図 5.25 女声の母音「え」の詳細波形

ついで,「い」の波形を観測しよう。男性 MNI の1周期波形は,かなり単純な形をしている。すなわち,三角状の波形に一定部分が接続した形をしており,さらに全体に小さな山谷が重畳している風である。小さな山谷の振幅は,山を登る部分に大きくなっている（図5.26）。

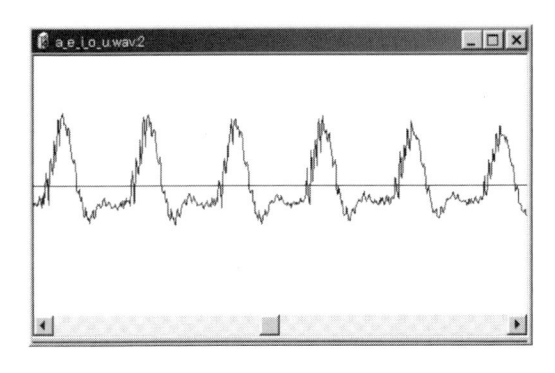

図 5.26　男声の母音「い」の詳細波形

一方,女性 FJI の1周期波形は,それとやや異なるが,やはり単純な形をしている。すなわち,非対称の三角波に小さな山谷が重畳している形である。小さな山谷の振幅は,山の部分より谷の部分のほうが大きくなっている（図5.27）。このように,「い」の波形は,三角波に,それよりかなり周期の短い波が重なってできているように見える。

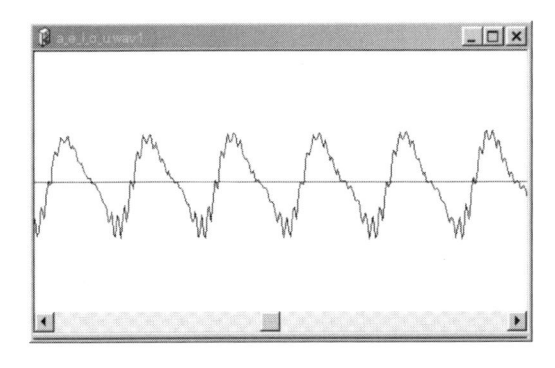

図 5.27　女声の母音「い」の詳細波形

ついで,「お」の波形を観測しよう。男性 MNI の1周期波形は,かなり単純できれいな形をしている。すなわち,減衰正弦波状ではないが,1周期内に大きな山,小さな山,中ぐらいの山,小さな山,と続いている。周期の短い山谷が重畳していないので,すっきりした波形になっている（図5.28）。

女性 FJI の1周期波形は,それとやや異なるが,やはり単純な形を示している。減衰正弦波が,途中で二度ほどくびれたような風を示している（図5.29）。MNI と同様に,周期の短い山谷の重畳はない。

最後に,「う」の波形を観測しよう。男性 MNI の1周期波形は,かなり単純な形をしている。1周期内に3個のややいびつな山があり,周期の短い山谷の重畳はない（図5.30）。

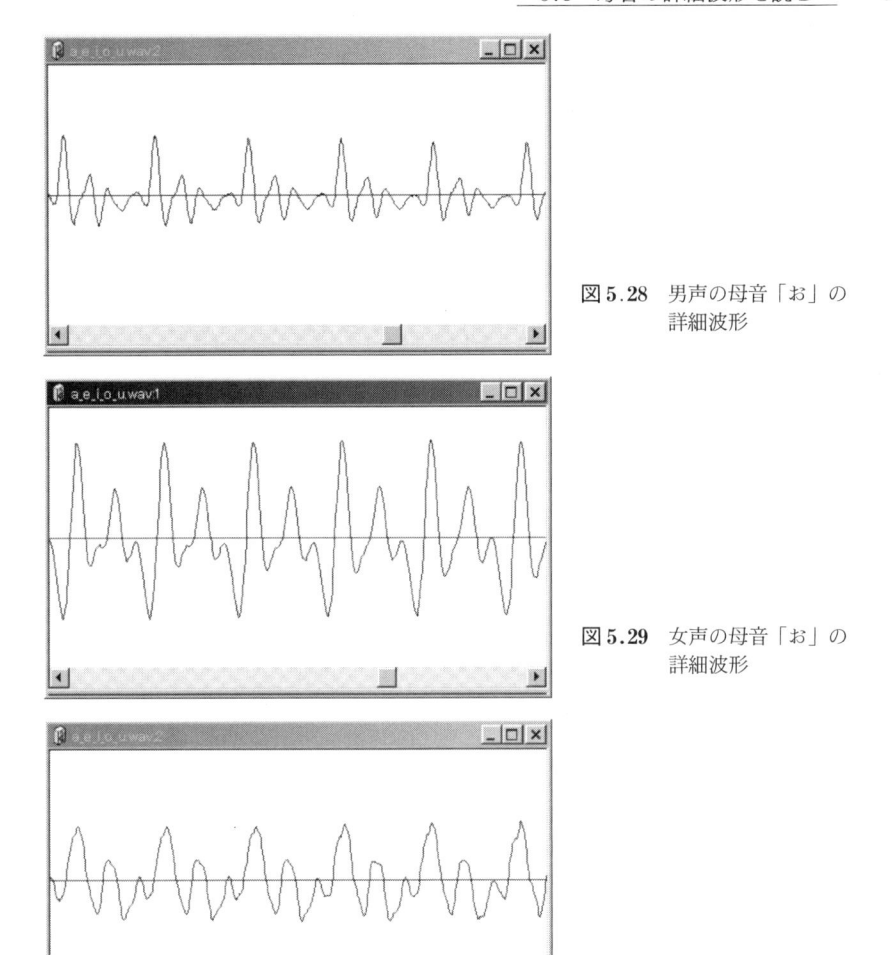

図 5.28 男声の母音「お」の詳細波形

図 5.29 女声の母音「お」の詳細波形

図 5.30 男声の母音「う」の詳細波形

一方，女性 FJI の 1 周期波形は，これとはかなり異なる。1 周期内に 2 個の山谷があり，最初の山が落ち切る前につぎの山が現れ，ついで深い谷になっている。特に谷の部分に，短い周期の小さな山谷の重畳がある（**図 5.31**）。

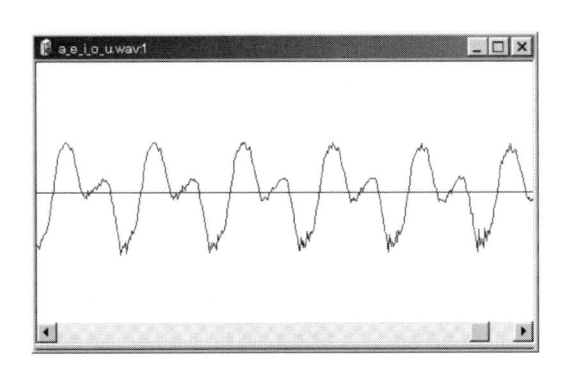

図 5.31 女声の母音「う」の詳細波形

上で観測したように，日本語5母音の1周期波形は，母音の種類により，その形が著しく変化する．また発声者，特に男女により，1周期波形の形は若干異なることがわかった．

5.3.2 基本周期

音声の基本周期というのは，有声音を発声する際に，声門における周期的振動の周期をいう．つまり，肺からの気流が，通常は閉じている声門に吹き付けられると，声門が開閉運動するようになり，この開閉の周期を音声の基本周期と呼んでいる．基本周期は時間を単位とする量であり，その逆数である周波数を，音声の基本周波数（fundamental frequency）と呼んでおり，しばしばＦ０（エフゼロと呼んでいる）と表記される．音声の基本周波数のことを，ときにはピッチ（pitch），あるいはピッチ周波数などと呼ばれるが，ピッチというのは，受聴者が音声を聞いて感じる音の高さのことであるので，厳密には基本周波数と区別しなければならない．

音声の基本周波数の抽出というと，特別の音声分析装置が必要に思うかもしれないが，以下に記述するように，詳細な音声波形から簡単に求めることができるのである（発声区間全体にわたる基本周波数の値を求めるのはたいへんだが）．

音声の基本周期，あるいは基本周波数は，時間的に一定のものではない．例えば，「あ」という発声（例えば，0.2 s）の間に，基本周期は変化する．（声楽家は，基本周期をほとんど一定に保って発声できるが，むしろビブラートなどにより，わずかに基本周期を変化させながら発声している）．

基本周期，あるいは基本周波数を音声波形から求める方法を紹介する．MNI あるいは FJI 発声の a_e_i_o_u.wav のファイルを開き，5周期程度の長さを部分表示するよう表示区間を設定せよ（MNI は 40 ms，FJI は 30 ms 程度の長さ）．そして，「あ」の詳細波形を画面一杯に表示させよ．MNI の「あ」波形において，プラス側の大きな山は，肺からの気流が声門を押し開けたときにできるものなので，この大きな山の間の間隔が基本周期になる．2個の山の間をマウスドラッグすると，その間隔が最下段右側に，「間 x.xxxx s」というように表示される（**図 5.32**）．

例えば，0.226 4 s の山から，0.233 6 s の山までの間隔は 0.007 2 s（7.2 ms）と表示され，この時点の基本周期は 7.2 ms，電卓で逆数をとると，基本周波数 139 Hz であることがわかる．同じ発声における「あ」の後部の，0.340 6 s の山から 0.347 4 s の山までの間隔から，基本周期は 6.9 ms（145 Hz）になっている．このように，基本周期（あるいは，基本周波数）の値は，時々刻々と変化していることがわかる．

女性の発声データに対しても同様にして，基本周期を求めることができる．例えば，「あ」の 0.103 6 s の山から 0.108 9 s の山までの間隔から，基本周期は 5.4 ms（基本周波数 185

5.3 母音の詳細波形を読む　69

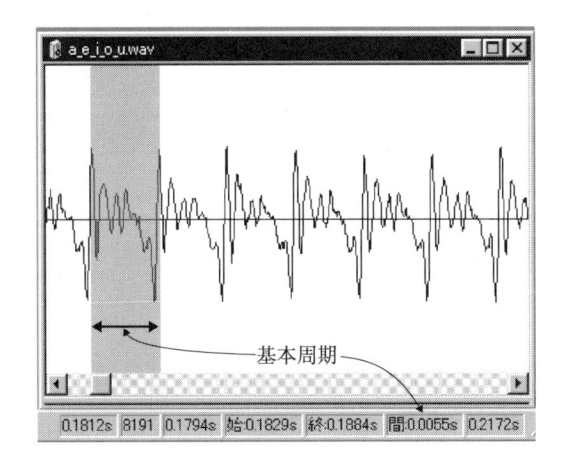

図 5.32　母音「あ」の詳細波形から
基本周期を求める

Hz) と測定される．上記では，波形1周期の間隔から基本周期（あるいは，基本周波数）を求めたが，数周期の間隔から，平均的な基本周期（あるいは，基本周波数）を求めることもできる．

　上記の音声の例は，5母音を離散発声したものであるから，基本周期（あるいは，基本周波数）はあまり変化していない．意味のある短文を発声したデータでは，基本周期は時間的に変化することが観測できる．例えば，MNI 発声の「1週間ばかりニューヨークを取材した」と発声しているデータ 1 shukan.wav では，0.50 s 付近では基本周波数が 162 Hz であるが，文尾の 3.10 s 付近では基本周波数は 110 Hz になっている．

5.3.3　ホルマント

　前記 5.3.2 項で，日本語5母音の1周期波形を観測したように，1周期波形は発声内容により大きく変わる．声門を通過する波形は同じだが，声門から唇（この区間を声道と呼んでいる）に至るまでに，舌，歯，唇などの調音器官の影響を受け，あのように複雑な波形になる．すなわち，調音器官がいろいろの位置・形をとると，声道の音を伝える特性（伝達特性という）が変わる．伝達特性が極大値になる，すなわち声道内で音が共鳴する周波数成分のことをホルマント（formant）と呼んでいる．ホルマントの周波数位置をホルマント周波数，ホルマントの周波数的な広がり具合をホルマント帯域幅という．音声の場合，数個のホルマント周波数により，発声内容の音韻的特徴が決定される．

　ホルマントを求める（ホルマント分析という）には，通常複雑な分析法（あるいは，分析機）を必要とするが，第1～第2ホルマント（音声帯域内にあるホルマントを，低い周波数から順序をつける）ぐらいなら，音声波形から求めることができるのである．

　MNI 発声の5母音音声 a_e_i_o_u.wav において，例えば，「え」の部分は，大きくは1周期内に3個の山がある．1.40 s 付近で，第1の山と第2の山の間隔（あるいは，第2の山

と第3の山の間隔）を求めると，2.25 ms 程度になり，これを周波数に直すと約 440 Hz になる。これが，この「え」の音の第1ホルマント周波数になっている。また，大きな山が二つに分かれている間隔を求めると 0.5 ms であり，約 2 000 Hz に第2ホルマントがあることがわかる（**図 5.33**）。

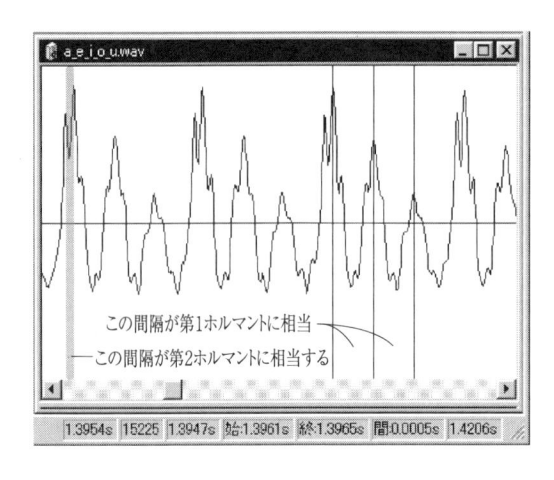

図 5.33 母音の詳細波形からホルマント周波数を求める方法。母音「え」の場合

上記データで「あ」の部分のホルマントを求めるのは，少し難しい。0.24 s 付近における第1の深い谷と，3番目の深い谷との間隔（あるいは，第1の山と3番目の山との間隔）を求めると 1.8 ms であり，その逆数の 555 Hz が第1ホルマントである。また，3番目の深い谷と4番目の深い谷との間隔は 1.0 ms であり，その逆数の 1 000 Hz が第2ホルマントの周波数になっている（**図 5.34**）。

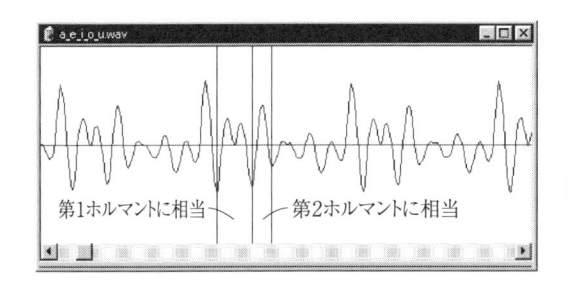

図 5.34 母音の詳細波形からホルマント周波数を求める方法。母音「あ」の場合は，やや難しい

このように，音声波形からホルマント周波数をある程度推定できるが，その精度は高くなく，後述する周波数分析の方法を用いるほうが高い精度でホルマントを推定することができる。

6. 音を加工する

ここでは，収録した音に対して施す種々の加工法について学ぶ。つまり，音の振幅を変更する，一つの音を二つに分割する，収録した音に含まれる雑音を除去する，二つの音のレベルを合わせる，音を切り貼りして音の順序を変更する，二つ以上の音を足し合わせる，などの操作である。さらに，2 チャネルのステレオ信号について，各チャネルの信号の入替え，レベル合せ，音量の調整，などを説明し，さらには，モノラル信号からステレオ信号を作成する方法についても説明する。

6.1 振幅を変える

まず最初に，蓄積されている音声データの振幅を変えることを学ぼう。振幅を変えて再生すると，再生音量が変わる（なお，［ボリュームコントロール］により再生音量を変更することができるが，その場合は蓄積データの振幅は変えていない）。

音声データの振幅を変えるには，つぎのように操作する。まず，音声工房で対象とする音声データを開き，その波形を表示させる。つぎに，振幅を変更したい箇所をマウスドラッグで指定する。ついで，［処理｜振幅変更］を選択し，【振幅変更】のダイアログボックスを表示させ，振幅を変更する程度を与える。［OK］ボタンを押すと，指定箇所の波形の振幅が変化したはずだ。この状態では，蓄積データを読み出した主記憶上のデータの振幅を変更しただけで，蓄積データそのものの振幅を変更してはいない。表示されているデータを［上書き保存］して初めて，蓄積データそのものの振幅を変更したことになる。

それでは，具体的なデータを例にあげ，実際に振幅変更の操作をやってみよう。音声データとして，FJI 発声の aeiou.wav を開いてみよ。［表示｜相対振幅］にチェックが付いていたら，［絶対振幅］をチェックせよ。まずは，波形全体の振幅を変更するために，［編集｜窓内波形選択］を指示し，窓内全体を選択状態にする。ついで，［処理｜振幅変更］を選択し，【振幅変更】のダイアログボックスを表示させる。ここでは，振幅を変更する程度を，dB（デシベル）単位で指定するようになっている。

例えば，［6 dB］を選んで（その左にある○印をクリックして），［OK］ボタンを押してみよ。先ほど表示されていた波形の上下方向の表示幅が 1/2 になったはずだ。すなわち，6

dB 減衰させるということは，音声データの各瞬時振幅をそれぞれ 1/2 にすることに相当する。振幅を 6 dB 減衰させたこの状態で，再生ボタンを押して，発声内容を受聴せよ。もとの振幅に戻すために，［編集｜元に戻す］を指示し，もとの振幅で受聴してみよ。6 dB 振幅差のある音を聞き分けられたはずだ。

減衰値として −6 dB を指定することは，6 dB 増幅することに相当し，各瞬時振幅を 2 倍に増幅させることになる。瞬時振幅を 2 倍にすると，正の最大値（32 767）を超えたり，負の最小値（−32 768）より小さくなった場合は，それぞれその最大値または最小値で置き換えられる。表示波形は，上下の枠でクリップした状態で表示される。このような音声を再生すると，過負荷雑音と呼ばれるひずみが聞こえる（クリップした箇所が短く，かつ少量の場合は，ひずみに気が付かないかもしれない）。振幅を変更する程度を，ユーザが dB 単位で任意の値を指定することもできる。【振幅変更】ダイアログボックスで，［入力］の左の○印を選択し，右のテキストボックスに指定する値をキーインせよ。

先ほどは，表示波形全体の振幅を変更したが，指定部分のみ変更することもできる。この場合，振幅変更の始点あるいは終点で，クリック音が生じることがある。これは，振幅変更に伴い波形に不連続ができたことによっている。これを防ぐには，始点・終点として，振幅が小さい区間でかつゼロを横切る点を指定するとよいだろう。この注意は，後述する音の分割などの場合も同様である。

振幅変更したファイルを閉じようとすると，［変更を保存しますか］という警告が出る。変更後のファイルを保存する場合は［はい］を押し，変更結果を破棄してもよい場合は［いいえ］を選ぶ。

上述のように，音声工房には処理結果を［元に戻す］Undo（アンドゥー）という機能が備わっている。ある値だけ振幅変更したが，結果がよくなかったなどの理由でもとに戻すには，［編集｜元に戻す］を指定すればよい。ただし，Undo ができるのは，1 段階前までの操作であるので，2 回変更を加えるともとの状態に戻すことはできない。

ここで dB という単位についておさらいしておこう。二つの音圧（電圧でもよい）X と Y があったとき，その大小を次式のように比で表す。

$$Z = 20 \log_{10}\left(\frac{X}{Y}\right)$$

これが dB 値である。X が Y の 2 倍である場合，$\log_{10} 2 = 0.301$ であるので，$Z = 6$ dB になるのである。なお，音圧ではなく，エネルギー量の音響パワー（電力でもよい）の場合には

$$R = 10 \log_{10}\left(\frac{P}{Q}\right)$$

のように 10 倍になる。

上記のように，dB という単位は相対的な量であるが，音の大きさの単位としてデシベルという絶対的な単位がある（ので，ややこしい）。これは，人間が聞き取りうる最小の音圧である 20 μP（マイクロパスカル）と比較した音圧の単位である。例えば，音圧 80 mP（ミリパスカル）は，80 デシベル（渋谷駅前の騒音レベル）になるのである。

6.2 音を分割する

つぎに，ファイルから読み出した音声データを二つに分割する方法について説明する。例として，MNI 発声の 1 shukan.wav というファイルを取り上げる。まず，このデータを読み出し，［部分再生］の機能を使って，波形と音声内容の対応を調べる。

いま，「1 週間ばかり」と「ニューヨークを取材した」の二つの部分に分割することを考える。1.50 s から後ろが「ニューヨークを取材した」の部分であるから，1.50 s から後ろをマウスドラッグで選択する。［編集｜切り取り］を指定すると，「1 週間ばかり」の部分の波形が，窓一杯に拡大表示されるとともに，（目には見えないが）「ニューヨークを取材した」の部分の音声がバッファと呼ばれるパソコン内部の記憶領域に取り込まれる。ここで，［ファイル｜新規作成］を指示して白紙の窓を開き，［編集｜貼り付け］を指定すると，バッファの内容が新しい窓に書き込まれる。

新しい窓は，【波形 1】という仮の名前が付けられているから，これを［ファイル｜名前を付けて保存］を指定し，例えば，NewYork.wav というファイル名で格納せよ。1 shukan.wav というファイルは変更しているから，［ファイル｜名前を付けて保存］により新しい名前，例えば 1 shukanb.wav で保存せよ。［ファイル｜上書き保存］を指定してしまうと，もとの「1 週間ばかりニューヨークを取材した」と発声していたファイルが壊されてしまう。

上記の例では，無音区間を境として，音声データを二つに分割した。音声が連続している区間のある点を境にして分割する場合は，かなり注意が必要である。例として，「1 週間」と「ばかりニューヨークを取材した」の間で分割することを考えよう。1 shukan.wav のファイルを開き，かつ［ウィンドウ｜新しいウィンドウを開く］を指定して，もう一つ同じ波形を表示させる。そして片方の波形を，0.88 s 付近から 0.98 s 付近までを［指定区間］表示させる。詳細波形表示から，分割点は 0.949 3 s（音節の境界でゼロを横切る点）が適切であることが推察される。この点をマウスクリックして，緑色の縦線を表示させる。全体表示波形の同じ位置にも緑色の縦線が表示される（**図 6.1**）。

全体表示波形の窓において，この緑色の縦線から後ろの部分を［編集｜切り取り］し，新しい窓に［貼り付け］る。そして，切り取った部分，および残った部分を再生して，その中

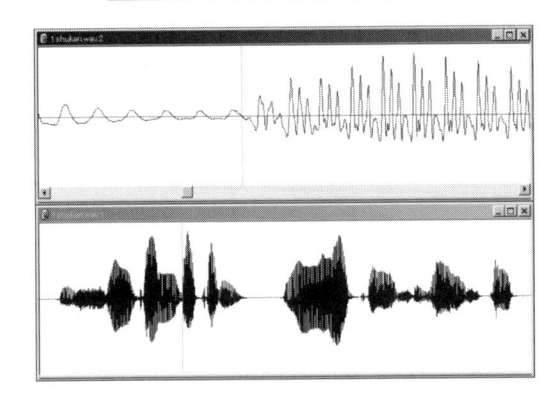

図 6.1 音声データを分割する際にクリック音を出さないように分割点を決める

身を受聴してみよ。クリック音を発生させずに，かつ適切な音節境界で分割できたかどうか，確かめよ。

6.3 雑音区間の除去

録音した音声データのある箇所に雑音が存在しており，その雑音と音声区間が時間的に分離している場合には，その雑音を簡単に除去することができる。例として，MNI 発声の Gaikokujin.wav というファイルを取り上げる。この例では，1.25 s 付近のところに，発声時に生じたやや大きめの雑音が存在している。

このような雑音を除去する方法として

① 雑音の区間を切り取る。
② 雑音区間の振幅を減衰させ，聞こえないレベルにする。
③ 雑音区間に，雑音のない信号をかぶせる（上書きする）。

の方法がある。

①の方法は簡単であるが，切り取ることにより，その区間の長さが変わってしまう。したがって，区間の長さが変わってもよい場合に，この方法を適用する。なお，切り取り区間の始点と終点は，前と同様に，注意して設定する。雑音が生じている区間の音の振幅をゼロにしてもよい場合は，②の方法が簡単である。Gaikokujin.wav というファイルを例に，この方法を説明しよう。このデータを表示させておいて，1.248 6～1.410 3 s の部分を選択し，灰色表示させる（図 6.2）。

[処理|振幅変更] を選択し，[減衰値] として 100 dB を指定する。そうすると，この区間の振幅は 0 になったはずだ。その区間を選択したまま，[処理|パワー] を指示せよ。[パワー測定] の結果が，−6 153.06 dBV（RMS 0）のように表示されたはずだ。100 dB 減衰させるということは，瞬時振幅を 10 万分の 1 にすることであるから，この区間内の標本点すべてが瞬時振幅 0 になったはずである。その RMS（自乗平均の平方根）振幅も 0.0 に

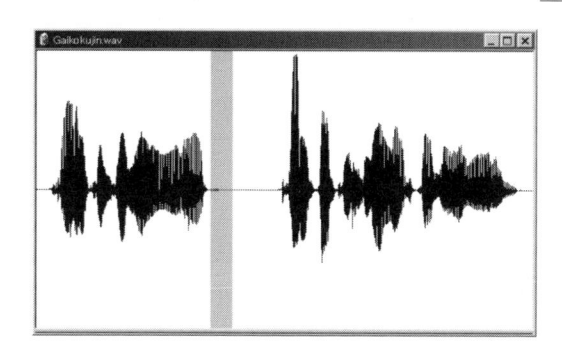

図 6.2 音声データに含まれる雑音を除去する

なっており，その対数をとると，パソコンは（エラーを出さずに，最低の値である）−6 153.06 という値を表示しているのである．このようにして，「外国人には」の後ろの雑音を除去することができた．

上記の方法ではクリック性の雑音を除去しようとして，指定した区間の定常的な雑音まで除去してしまった．定常的な雑音にクリック性の雑音が重畳しており，クリック性の雑音のみを除去したい場合には，③の方法を用いたほうがよい．クリック性雑音を挟む適当な長さの区間に，同じ長さで定常的な雑音の区間をどこかから［コピー］してきて，クリック性雑音の区間に［上書き］すればよいのである．

6.4 音のレベルを合わせる

二つ（あるいは，それ以上）の音のレベル（受聴音量）を合わせる方法について説明する．ここでは，二つの音のパワーを同一にするという近似的な方法を紹介する．例として，MNI 発声の離散発声の 5 母音のデータ a_e_i_o_u.wav を用い，各母音のパワーが同じ値になるようにしよう．まず，最も振幅の大きい「あ」の区間である 0.15〜0.40 s のパワーを，［処理｜パワー］により測定すると，−7.31 dBV になる（図 6.3）．

「え」の区間である 1.28〜1.63 s を選択して，［処理｜振幅正規化］を指定し，正規化値を −7.31 dBV と入力する．同様に，「い」，「お」，「う」の音も同じパワーになるように振幅を変更する．できあがった音声データを別の名前で格納し，もとの音声データと聞き比べよ．もとのデータに比べて，5 母音のレベル差が小さくなったように聞こえるであろう．

先に述べたように，ここでは音のパワー（音の強さ）を合わせただけであるので，音の聞こえの点から同じレベル（音の大きさ）にはなっていないかもしれない．音のパワーを測定する際に，聴感補正曲線（A 曲線など）と呼ばれる特性のフィルタを通すことにより，同じ音の大きさになるように近似度を上げることができる（音声工房には，聴感補正特性をかけてパワーを求める機能は備わっていない）．ただし，スペクトル（音に含まれる各周波数成

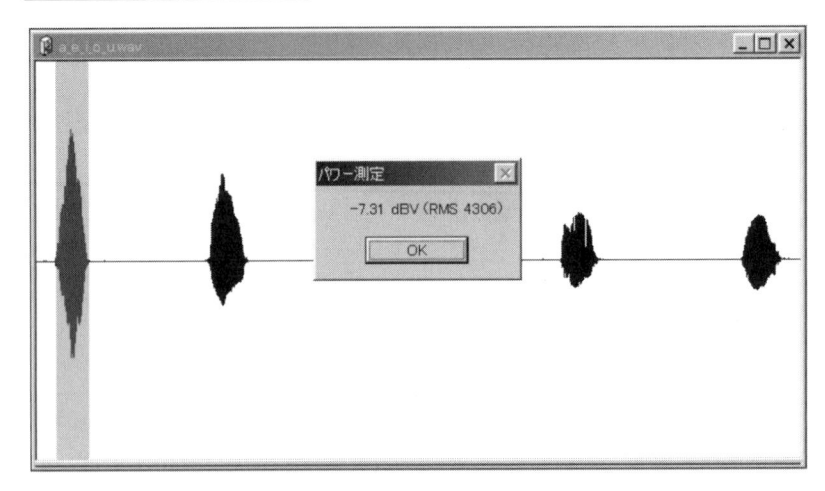

図 6.3 音声区間のパワーを測定する

分の割合のこと）が異なる二つの音の大きさを，厳密な意味で，合わせることはできない。

6.5 音の切り貼り

つぎに，音の切り貼りの方法を説明しよう。例として，「あ え い お う」と離散発声している a_e_i_o_u.wav のデータを加工して，「あ い う え お」の順序に変えてみよう。まず，FJI 発声の a_e_i_o_u.wav のデータから，1.25～1.97 s までの「い」の区間を［編集｜切り取り］，0.54 s 付近をクリックして緑線を出し，そこに［編集｜貼り付け］る。ついで，2.76～3.29 s 付近までの「う」の区間を［編集｜切り取り］，1.25 s 付近に［編集｜貼り付け］る。これで，「あ い う え お」という音声データが作成できた（図 6.4）。

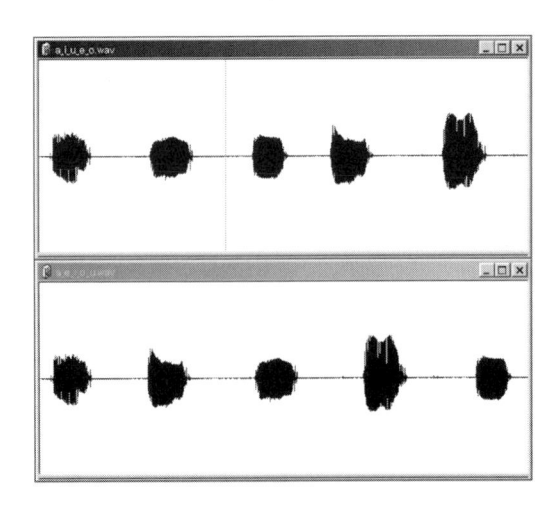

図 6.4 音の切り貼りによる音の順序の変更

これを受聴すると，音の間隔や，高さの変化（イントネーション）はやや不自然であるが，5母音を所望の順に並べ替えることができたことが確認できた。

このように，離散発声した語を入れ替えて新しい文をつくることを単語編集と呼んでいる。NTT による時報サービスの音声，例えば「午後 三時 十 五分 二十秒を お知らせします」は，単語編集という方法で作成されたものである。この方法では，つぎの語に滑らかに接続するように，もとの語の発声時に平板で発声するなどの注意を払っている。

ここでは，一つの音声データのなかで，音の切り貼りを行った。二つ（以上）のデータ間でも，音の切り貼りは可能である。例えば，1番目のファイルのある部分を［切り取り］（あるいは，［コピー］し），2番目のファイルのある点を始点として，［貼り付け］たり（挿入になる），［上書き］したりできる。

二つのファイルの属性（ビット数，標本化周波数，チャネル数など）が同じ場合は問題ないが，何かの属性が異なる場合には注意が必要である。標本化周波数が異なる場合は，加工（切り取り，コピー）もとの信号の各標本値が，加工（貼り付け，上書き）先の標本化周波数の信号のようにみなされて加工される。例えば，加工もとの標本化周波数が加工先よりも低い場合，加工結果の音声を再生すると，加工部分の音が高く再生される。

また，加工もとがステレオ信号で，加工先がモノラル信号の場合は，加工もとの左チャネルの信号が使われる。加工もとがモノラル信号で，加工先がステレオ信号の場合は，加工先の両チャネルに加工される。

6.6　音のミキシング

つぎに，二つ（あるいは，それ以上の個数）の音を足し合わせるミキシングの操作について説明する。ミキシングの処理は，数学的には，二つの音の各サンプルごとの瞬時振幅を加算することに相当する。ここでは，1shukan.wav という音声データに，SoundTrk.wav という音楽データを足し合わせることを例にして説明しよう。まず，両者の属性が同一であることを確認する。そのために，ファイルを［開く］ダイアログにおいて，ファイル名を指定して［属性］ボタンを押し，【データ属性】を表示させる。図 6.5 に示すように，両データの標本化周波数，チャネル数，量子化ビット数が一致していることを確認する。

よければ，二つのファイルを開く。ミキシングに際して，SoundTrk.wav というデータの音量を下げるために，［編集｜窓内波形選択］して全体を選択し，［処理｜振幅変更］を指示し，12 dB 減衰させよう。これを，［編集｜コピー］しておき，1shukan.wav の窓を選択する。1shukan.wav の左端を始点（SHIFT ボタンを押しながら，左クリックするとよい）として，［編集｜加算］を指定する。そうすると，1shukan.wav と 12 dB 減衰した Soun-

78   6. 音を加工する

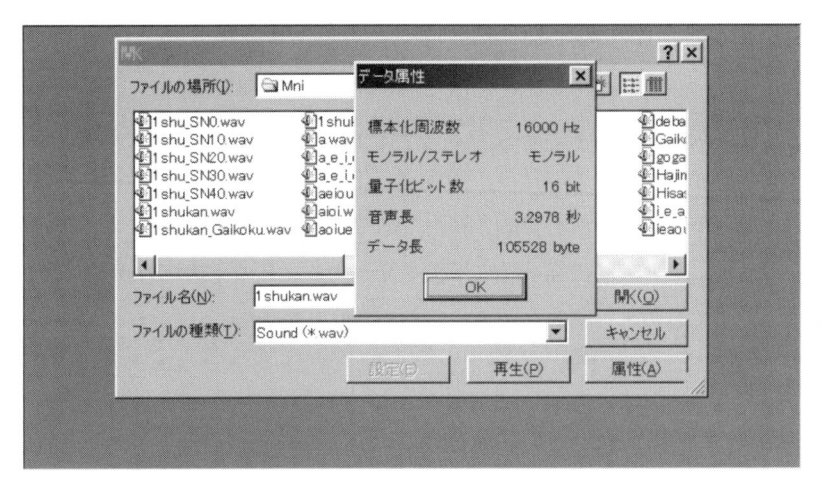

図6.5　音声データを指定してその属性を表示する

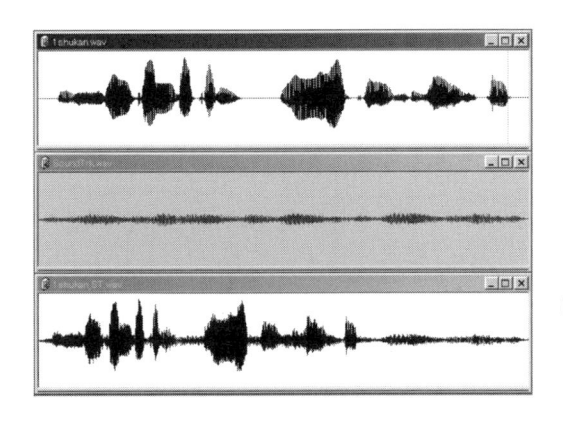

図6.6　二つ以上の音をミキシングする。
　　　図では，上の音と中の音をミキシング
　　　して下の音を作成している

dTrk.wav をミキシングした結果が表示される．結果は，1 shukanST.wav などの名前で格納すればよい（図6.6）．

　もとの 1 shukan.wav は，[表示｜属性]で表示されるように，3.30 s の長さのデータである．一方，SoundTrk.wav は，4.85 s の長さのデータだ．これらをミキシングしたデータ 1 shukanST.wav は，両者の長いほう，すなわち 4.85 s になる（途中の点から加算すると，もう少し長くなる）．また，二つの信号の各瞬時振幅を加算した際に，正の最大値 32 767 を超えたり，負の最小値 −32 768 より小さくなった場合は，その最大値または最小値でクリップされる．

　上記の例では，ミキシングする二つの信号が，ともに，標本化周波数 16 kHz のモノラル信号と同じ属性のものであった．もし，異なる属性の信号をミキシングした場合は，つぎのようになる．標本化周波数が異なる信号をミキシングしようとすると，コピーされた信号（上の例では，SoundTrk.wav）のデータは，加算先の信号（上の例では，1 shukan.wav）の標本化周波数のデータとみなされ，標本値ごとに加算される．結果の標本化周波数は，加

算先のものになる。また，モノラル信号にステレオ信号をミキシングすると，ステレオ信号の左チャネル成分がモノラル信号に加算される。逆にステレオ信号にモノラル信号をミキシングすると，ステレオ信号の両チャネルにモノラル信号が加算される。

6.7 音声を切り出す

単語や短文の音声をつぎつぎに発声したデータから，それぞれの単語や短文の音声を切り出し，個別にファイルに格納する方法を紹介する。カセットテープやDAT（ディジタルオーディオテープ）に録音したそのような音声をパソコンに移送して，この切り出しの操作をするなど，この種の処理はしばしば必要とされる。

ここでは，MNI発声の5母音の離散発声データ a_e_i_o_u.wav を例として，各母音部の音声を切り出して個別にファイル格納することにする。まず，a_e_i_o_u.wav のデータを表示せよ。「あ」の音声区間として，0.133～0.338 s までの区間をマウスドラッグで選択し，［編集｜指定区間保存］を指示する。【指定区間を保存】のダイアログボックスが現れるから，例えば，a.wav というファイル名で格納する。ついで，1.267～1.689 s までの区間を選択し，［指定区間保存］を指定して，e.wav の名前で格納する。同様に，2.595～3.012 s の区間を i.wav，3.992～4.341 s の区間を o.wav，5.361～5.781 s までの区間を u.wav として格納する。

上記では，5母音の音声データ全体が表示された状態で，各母音区間を指定したので，語頭・語尾の細かい波形を観測せずに切り出した。語頭・語尾の詳細波形を観測しながら切り出すには，つぎのように操作したらよい。切り出す音声より少し長い区間を［指定区間］表示するように設定し，スクロール画面に，切り出す音声1個を表示する。語頭および語尾付近の波形を観測し，語頭と語尾をマウスドラッグで区間指定して，［編集｜指定区間保存］する。スクロールボタンを移動させ，つぎの音声区間を同様にして切り出す。

6.8 ステレオ信号の加工

ここでは，ステレオ信号，あるいは2チャネル信号に特有な加工の操作法について説明する。音声の場合，特にステレオ信号として扱う必要がある場合は少ないかもしれない。音声工房では，ステレオ信号を処理できるが，ステレオというより2チャネル信号として，自由に処理できるので，使い道は多いはずだ。例えば，教師音声と生徒音声を両チャネルに収容するとか，発声合図音と音声を両チャネルに収容するなどの使い方ができる。

6.8.1 片チャネルの取出し

まず，ステレオ信号（例えば，stereo.wav）から，どちらかのチャネル（左としよう）の音を取り出すには以下のように操作する。両方のチャネルの波形が表示されている状態で，［表示｜表示チャネル］を選び，さらに表示されるサブメニュー［両方/左/右］から［左］を指定する。現れた片チャネルの信号を［編集｜窓内波形選択］し，［編集｜コピー］して，クリップボードに取り込む。ついで，［ファイル｜新規作成］により新しい窓を開き，そこに［編集｜貼り付け］する。このデータを適当な名前で格納すれば，モノラル信号ができあがりとなる。

6.8.2 チャネルの入替え

ステレオ信号のチャネルの入替えは，少し面倒だが，以下のように操作すればよい。ステレオ信号 Stereo.wav を左チャネル表示しておき，［編集｜窓内波形選択］して全体を選択し，［編集｜切り取り］を指示する。［ファイル｜新規作成］を指示して，新しい窓を開き，そこに［編集｜貼り付け］する（波形 n と名付けられる）。ステレオ信号 Stereo.wav を右チャネル表示し，［編集｜窓内波形選択］して全体を選択し，［編集｜切り取り］を指示する。切り取られたステレオ信号 Stereo.wav を左チャネル表示（中心線しか表示されない）し，左端の点を始点として，［編集｜上書き］する。ついで，【波形 n】として表示されている波形を［編集｜窓内波形選択］し，［編集｜コピー］する。ステレオ信号 Stereo.wav に移り，右チャネル表示する（中心線しか表示されない）。先ほどコピーした信号を，この左端を始点として，［編集｜上書き］する。［表示｜表示チャネル｜両方］を指示し，両チャネルの波形を表示する。これで，チャネルが入れ替わった信号が作成できた（**図 6.7**）。

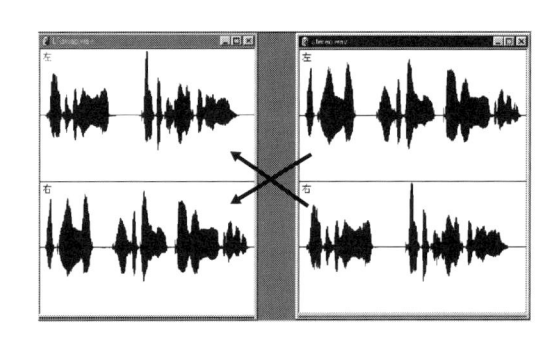

図 6.7 ステレオ信号の左チャネルの音と右チャネルの音とを入れ替える

6.8.3 左右の音量を調整する

ステレオ信号の音量を調整するには，つぎのように行う。両チャネルに対して，ある区間の振幅を変更するには，両チャネルの波形を表示した状態で，［処理｜振幅変更］すればよい。片チャネルだけ，あるいはその一部の区間を振幅調整するには，該当チャネルの波形を

6.8 ステレオ信号の加工

[表示｜表示チャネル］で選択して表示しておき，［処理｜振幅変更］すればよい。［表示｜表示チャネル｜両方］を指示すれば，振幅変更後のステレオ信号波形が表示される。

6.8.4 片チャネルの一部を除去する

ステレオ信号として，両チャネルの信号を切り貼りする場合は，モノラル信号と同じ方法で行えばよい。片チャネルの信号の一部を除去するなどの加工を行うには，つぎのように操作する。ステレオ信号に対し，加工対象のチャネルの波形を表示しておく。その波形の一部を［切り取り］したり，その波形のどこかに他のモノラル信号を［貼り付け］る。このような加工をすると，他のチャネルの信号に対して，［切り取り］の場合は短くなり，［貼り付け］の場合は長くなる。短くなった場合は，そのチャネルの信号の後部に 0 データを詰めて他チャネルのデータ長に合わせ，長くなった場合は，他のチャネルの信号の後部に 0 データを詰めて長さが合わされる。

6.8.5 片チャネルに遅延を与える

ステレオ信号のどちらか片方のチャネルの音を時間的にずらせる方法を説明する。この処理には専用のメニュー項目があるので，簡単に実行できる。ステレオ信号が表示されている状態で，［処理｜ステレオ遅延］を選択し，［ステレオ遅延］のボックスを開く。ここで，遅らせるほうのチャネルとして，［左］か［右］を選択し，遅らせる時間の値を［遅延時間］のテキストボックスに書き込む。そうすると，選択されたチャネルの信号の前に指定時間の無音区間が挿入され，他のチャネルの末尾に指定時間の無音区間が加わる。このようにして，ステレオ信号の片チャネルに遅延を与えることができた。

6.8.6 二つのモノラル信号からステレオ信号をつくる

二つの同じ標本化周波数のモノラル信号からステレオ信号をつくるには，つぎのように操作する。まず，ダミーのステレオ信号をつぎのようにして作成しておく。［ファイル｜新規作成］から新しい波形窓を作成する。［録再｜録音］を指定し，録音条件を指定する【録音】

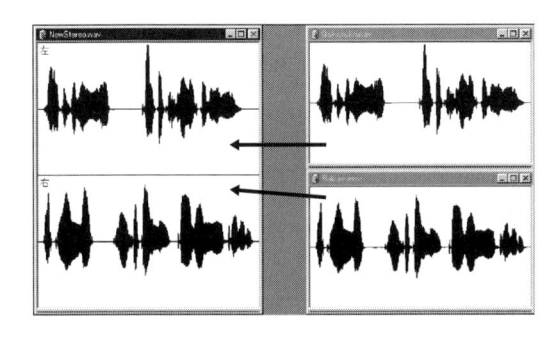

図 6.8 二つのモノラル信号からステレオ信号を作成する

ダイアログボックスを表示させ，［ビット数］，［標本化周波数］を選択し，［チャンネル数］は［ステレオ］に設定する。［録音時間］を，例えば1秒として［録音］を開始させる。1秒後に，左右とも中央線だけの波形が現れる。これを【波形1】と呼ぶことにする。

【波形1】を左チャネル表示させておく。ついで，左チャネルに入れるモノラルのデータ，例えば，Gaikokujin.wav を表示させる。［編集｜窓内波形選択］し，［編集｜コピー］して，クリップボードに取り込む。【波形1】に戻り，［編集｜上書き］を指示して，クリップボードのデータを波形1に上書きする。つぎに，【波形1】を右チャネル表示させておく（中央線のみ）。右チャネルに入れるデータ，例えば，Bakuon.wav を表示させ，［編集｜窓内波形選択］し，全波形を［編集｜コピー］してクリップボードに取り込む。それを【波形1】の先頭から［編集｜貼り付け］る。【波形1】を［両方］チャネル表示させると，左チャネルに Gaikokujin.wav が，右チャネルに Bakuon.wav が入ったデータが表示される（図 6.8）。

このデータに新しい名前，例えば NewStereo.wav を付けて格納せよ。このステレオデータの音声長は，長いほうのデータ Bakuon.wav の音声長と同じ 3.768 s になっている。

7. 信号音をつくる

　この章では，音声工房において，信号音と呼ぶ別の音を，収録した音に付け加える処理について，その用途を説明した後，その具体的な作成法として，区切り音，合図音，複合正弦音，について説明する。さらに，音声に雑音を重畳させる方法，音声と信号音をステレオの片チャネルずつに入れる方法について説明する。

7.1　作成できる信号音

　音声工房で作成できる信号音は，［純音］，［雑音］，および［無音］の3種類である。純音というのは，正弦波の音のことであり，正弦音とも呼ばれている。信号音として純音を作成する場合，指定できる特性として，周波数，dBV 単位の振幅，および長さがある。音声工房で作成できる雑音は，振幅分布が一定（一様雑音という）で，スペクトル的にも平たんな白雑音（ホワイトノイズ）と呼ばれる雑音で，シャーと聞こえる雑音である。雑音を作成する場合は，振幅と長さを指定できる。一方，無音を作成する際に指定するのは，長さのみである。無音ということは，その区間にわたり，瞬時振幅がすべて 0 という信号である。

　なぜ雑音の種類に，「白」という色の名前が付いているか説明しよう。スペクトルが平たんな光は，白い色をしている（白色光などというように）ので，音についてもスペクトルが平たんなものを「白」と称している。なお，高域の成分が減少している雑音でピンク雑音というのもある（詳しくは，$-3\,\mathrm{dB/oct}$ の特性。すなわち，周波数が倍になると，3 dB 減少する雑音。ピンク雑音は音声工房では作成できない）。

　信号作成の処理として可能な操作は，［貼り付け］，［上書き］と［加算］である。つまり，作成した信号をもとの信号に挿入するのが［貼り付け］，もとの信号に置き換えるのが［上書き］，もとの信号とミキシングするのが［加算］である。

7.2　信号音の用途とその作成方法

　ここでは，具体的に信号音の用途とそれを作成する方法について説明する。

7.2.1　試聴実験用の区切り音の作成

音声の試聴実験では，いくつかの提示音ごとに区切り音を入れ，いまどこの音を提示しているかを被験者にわからせるようにする場合が多い。例として，5母音の音声データ a_e_i_o_u.wav の各母音間に区切り音を入れる方法を紹介する。区切り音としては，周波数 1 kHz，振幅 −20 dBV，継続時間 200 ms の仕様とする（図 7.1）。

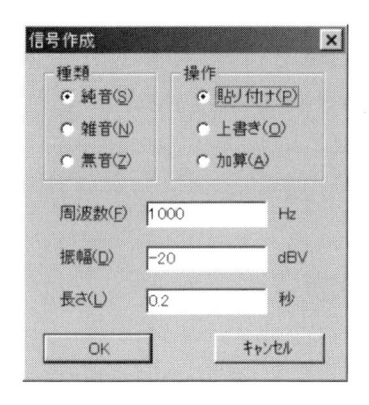

図 7.1　作成する区切り音の条件（周波数，振幅，長さ）と信号音の種類と操作種別を指定する

FJI 発声の a_e_i_o_u.wav の波形を表示する。「あ」の前部，および「う」の後部には約 0.1 s の無音区間しかないので，それぞれに 0.5 s の無音区間を付け加える。カーソルを 0.00 s 付近に移動させてクリックして，緑線を表示させ，［処理｜信号作成］を指示して【信号作成】のダイアログボックスを表示させる。ここで，［無音］，［貼り付け］，［長さ］ 0.5 s と指定する。同様に後部の 3.7 s 付近にも，0.5 s の無音区間を付加せよ。

つぎに，再び先頭の 0.2 s 付近にカーソルをもっていき，［処理｜信号作成］を指示し，今度は［純音］，［貼り付け］，［周波数］ 1 000 Hz，［振幅］−20 dBV，［長さ］ 0.2 s と指示する。ついで，各母音間の中央付近，および末尾にそれぞれ 0.2 s の純音を［貼り付け］る（図 7.2）。できあがったら，［全体再生］して試聴してみてよ。

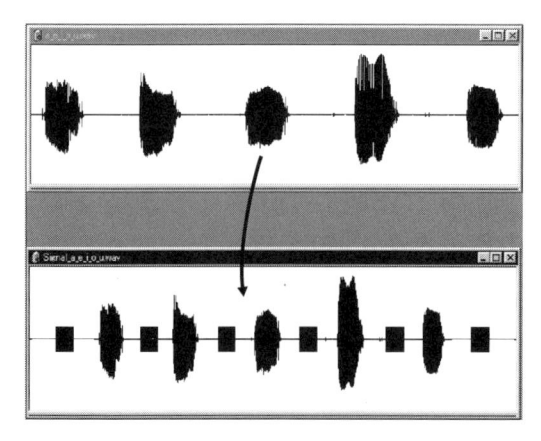

図 7.2　日本語 5 母音の間に区切り音を挿入する

7.2.2 合図音の作成

つぎに，新規に合図音をつくってみよう．まず，［ファイル｜新規作成］を指示して白紙の窓を開き，［処理｜信号作成］で，6 s の無音を作成する．ビット数は 16，標本化周波数は 16 000 Hz，チャネル数はモノラルにしておこう．ついで，1 s，2 s，3 s の位置に，周波数 440 Hz，振幅 −10 dB，長さ 0.2 s の純音を上書きする．同様に，4 s の位置に，周波数 880 Hz，振幅 −10 dB，長さ 0.8 ms の純音を上書きする（**図 7.3**）．

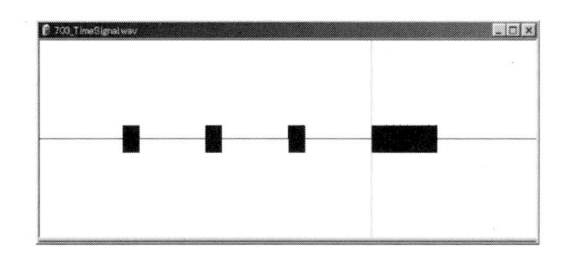

図 7.3 チャイムのような合図音を作成する

できあがった合図音を試聴してみる．時報音のように聞こえないだろうか．音声工房の信号作成機能では，包絡線の形を指定して信号音を作成できないので，正しい時報音の「ポーン」という音とは少し異なる．

7.2.3 複合正弦音の作成

周期的な信号は，有限個の正弦波の和として表現できるという法則（フーリエの法則）がある．母音の定常部を周期的波形とみなすと，複数の正弦波を重ねていくことにより，その母音を合成できることになる．このように正弦波を複数個組み合わせた信号を複合正弦波という．

5 個の音を複合正弦波で合成してみよう．まず，［ファイル｜新規作成］により新しい窓を開き，6 s の無音データ（標本化周波数は 16 kHz）を作成する．0.5〜1.0 s 付近までを選択して，灰色表示にする．この状態で，［処理｜信号作成］を指示し，つぎつぎに以下の［純音］を［加算］する．

　　　200 Hz −25 dB，400 Hz −29 dB，1 000 Hz −29 dB，1 200 Hz −26 dB

ついで，1.5 s 付近から 2.0 s 付近までを選択し，以下の［純音］を［加算］する．

　　　250 Hz −26 dB，500 Hz −26 dB，750 Hz −30 dB，2 500 Hz −35 dB

同様に，2.5 s 付近から 3.0 s 付近までを選択し，以下の［純音］を［加算］する．

　　　250 Hz −20 dB，500 Hz −28 dB，2 750 Hz −40 dB，3 000 Hz −36 dB

同様に，3.5 s 付近から 4.0 s 付近までを選択し，以下の［純音］を［加算］する．

　　　190 Hz −24 dB，380 Hz −18 dB，570 Hz −20 dB，760 Hz −23 dB

同様に，4.5 s 付近から 5.0 s 付近までを選択し，以下の［純音］を［加算］する．

230 Hz -19 dB, 460 Hz -23 dB, 2 760 Hz -51 dB

このようにして作成した5個の複合正弦波を試聴してみよ（図7.4）。

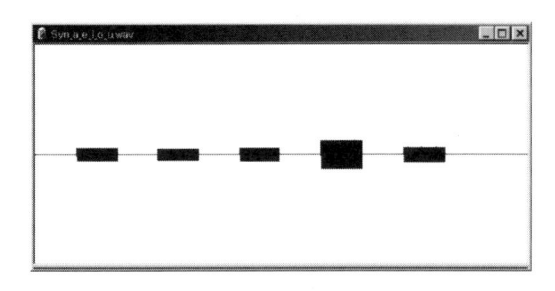

図7.4 信号音作成機能により複合正弦音を作成する

ロボット，あるいは信号発生器的な音であるが，「あえいおう」と聞こえただろうか。これでおわかりのように，上記は最も簡単な音声合成実験だったわけだ。非常に簡単な方法で日本語5母音を合成したので，あまりそれらしくはないが，雰囲気はわかっていただけたと思う。

7.2.4　音声に雑音を重畳させる

つぎに，雑音が重畳した音声の試聴実験を行おう。例として，MNI発声の1 shukan.wavという音声データを使うので，これを開いてみよ。まず，このデータの平均的な音声パワーを測定しよう。0.12 s付近から3.19 sまでを選択し，［処理｜パワー］を指示すると，音声パワーおよびRMS振幅が

-6.95 dBV（RMS 4490）

のように表示される。また，中央部の細い水平線になっている部分（呼気段落の無音区間に相当）の音声パワーを求めると

-61.25 dBV（RMS 9）

程度になる。したがって，この音声データは，SN比が約54 dBで録音されていることがわかる。

種々のSN比の音声を試聴するために，この音声に雑音を重畳させることを考える。まず，この波形を［編集｜窓内波形選択］し，その状態で［処理｜信号作成］を指示し，-47 dBVの［雑音］を［加算］させる。これを，例えば1 shu_SN 40.wavというファイル名で格納せよ。これで，SN比40 dBの雑音重畳音声ができた。

ついで，SN比30 dBの音声を作成する。1 shukan.wavに，-37 dBVの雑音を加算して，1 shu_SN 30.wavの名前で格納せよ。このぐらいの雑音になると，時間軸方向の中心線は，幅をもった線で表示されている。ついで，SN比20 dBのデータ1 shu_SN 20.wav，10 dBのデータ1 shu_SN 10.wav，0 dBのデータ1 shu_SN 0.wavを作成せよ。

このようにして作成したSN比0～40dBの雑音重畳音声と原音声を，音声工房の画面にすべて表示し，かつ［ウィンドウ｜並べて表示］の状態にせよ（**図7.5**）。

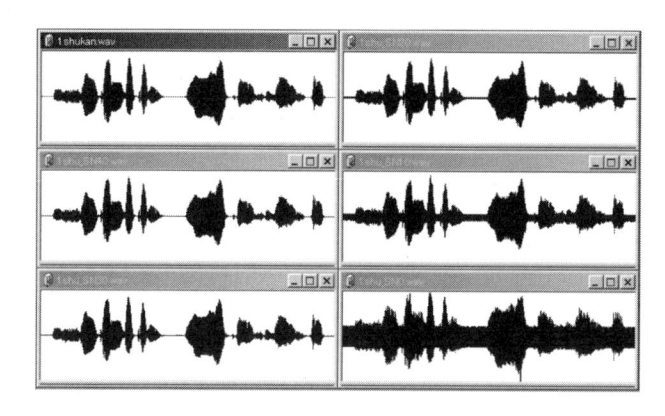

図7.5　各種SN比の条件で音声信号に雑音を重畳させる

こうしておくと，どれかある波形を選択して再生ボタンを押すと，その条件の音声を簡単に試聴できる。いろいろなSN比の音声を聞き比べて，雑音の程度を実感してみよ。

7.2.5　音声と信号音を片チャネルずつに入れる

音声の試聴実験では，提示音声の開始時点に合図音を出力させたいという要求がしばしば生じる。例えば，刺激音声を提示した後，どの程度の時間遅れで回答（反応）がなされるかを調べる場合などである。この場合，信号音と回答音声を録音機でステレオ録音し，のちほどその時間差を測定すればよい。

音声として1shukan.wavを右チャネルに，合図音として短い正弦音を左チャネルに入れるステレオ信号を作成することとする。

まず，［ファイル｜新規作成］を指示して新しい波形窓を開き，［録再｜録音］を指示して【録音】のダイアログボックスを開き，［標本化周波数］として1shukan.wavと同じ16 000 Hzを，［ビット数］は16ビットを，［チャネル数］はステレオを選び，［録音時間］として仮の値の1 sを設定して，ダミーのステレオ信号【波形1】を作成する。

【波形1】を［表示｜表示チャネル｜左］の片チャネル表示にしておく。1shukan.wavを開いて［編集｜窓内波形選択］した後，［編集｜コピー］してクリップボードに取り込む。ついで，【波形1】に移り，その左端（始点）を指示して緑線のカーソルを表示させ，［編集｜上書き］によりクリップボードの内容をそこに上書きする。これで，左チャネルに1shukan.wavの音声を格納できた。

【波形1】の1shukan.wavの波形の開始点をクリックして，緑のカーソルを表示させる。［表示｜表示チャネル｜右］を押し，右の片チャネル表示に切り替える。緑の開始点は表示されたままにしておく。［処理｜信号作成］を指示して［信号作成］ダイアログボック

スを開き，例えば，［周波数］1 000 Hz，［振幅］−10 dBV，［長さ］0.2 s の［純音］を［上書き］するように選択して，［OK］ボタンを押すと，右チャネルに信号音が格納される。

　［表示｜表示チャネル｜両方］を押して，ステレオ表示に切り替えると，左チャネルに音声信号，その開始時点の右チャネルに信号音が入ったデータが作成できたことが確認できる（図 7.6）。

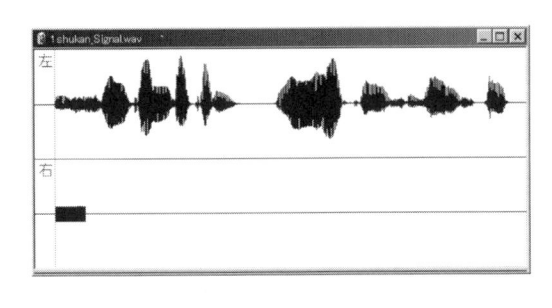

図 7.6　音声と合図音をステレオ信号の各チャネルに入れる

8. 音声を詳しく調べる — 音声分析 —

ここでは，おもに音声を対象として，その特徴を分析する方法を解説する。通常，音声の特性を表示したり，プリンタに打ち出す装置は音声分析装置と呼ばれている。つまり，パソコンに音声工房などのソフトウェアを組み込むと，パソコンが音声分析装置，あるいは音響分析装置になるのである。

まず，音声を分析するいろいろな方法を紹介し，日本語音声を例題として，各分析法の実際を学ぶ。分析法としては，音声パワー，ピッチ周波数，パワースペクトル，ソナグラム，ホルマント，の各方法を取り上げ，分析条件の意味と設定の仕方，実際の音声に適用した場合の結果の解釈などについて，詳細に説明する。

ピッチ周波数の分析においては，雑音が重畳した場合の分析結果に対する影響について実例を示しながら説明する。パワースペクトルの分析においては，日本語5母音や，各種子音，および雑音重畳音声に対して，その差異を説明する。ソナグラム分析については，日本語5母音を例に，狭帯域および広帯域分析結果とホルマントなどの特徴量の関係について説明する。ホルマント分析についても，離散発声および連続発声の日本語5母音の分析結果を例にして，結果を解釈する方法について説明する。さらに，分析した結果を数値データとして取得する方法，およびその利用法についても説明を加える。

8.1 音声分析とは

音声あるいは音の波形は，非常に重要な情報であり，それから得られることが数多くある。しかし，1次元の時間的情報である波形情報を，他の物理的情報に変換して観測するほうがより多くの知見を得られる場合もある。音声分析というのは，音声信号を他の物理的情報に変換する処理を指しており，大きくは，① 周波数領域上の物理量に変換するものと，② 音声の生成器官に関する物理量に変換するもの，③ 波形レベルで処理するもの，に分けられる。音声信号は，時間的に激しく変化する量であるから，変換された物理的情報も時間変化するものとして解釈される場合が多い。

8.1.1 スペクトル分析

時間的信号を周波数領域上の物理量に変換する分析法は，一般にスペクトル分析と呼ばれ

ている。音声信号に対するスペクトル分析法として，以下のものがある。

- ある時点のパワー
- パワーの時間的変化
- ある時点の（パワー）スペクトル
- スペクトルの時間的変化
- 長時間平均のスペクトル
- ある時点のスペクトル包絡
- スペクトル包絡の時間的変化
- スペクトルの時間的変化の程度（動的尺度）

なお，これらの分析結果を2次元，あるいは3次元表示する際にいろいろの工夫がなされる。例えば，音声分析法として著名な

- ソナグラム（一般名称は，サウンドスペクトログラム）

は，スペクトルの時間的変化を，カラー，もしくはモノクロの多階調で3次元表示したものである。

8.1.2 音声生成器官に関する物理量の分析

音声信号から，音声生成器官に関する物理量を分析する場合は，音声生成過程に関していろいろの仮定を行い，それに基づいた分析アルゴリズムにより，その物理量を算出している。このような分析として，以下のものがある。

- ある時点の基本周波数
- 基本周波数の時間的変化
- ある時点のホルマント（周波数および帯域幅）
- ホルマントの時間的変化
- 第1ホルマント周波数と第2ホルマント周波数の時間的変化
- ある時点の声道断面積
- 声道断面積の時間的変化

8.1.3 その他の分析法

これらのほか，音声波形に着目した分析法として

- 瞬時振幅値の分布
- 波形がゼロレベルを交差する回数（零交差数）

などがある。

上記の音声分析法すべてを音声工房が備えているわけではないが，主要な分析法をすべて

備えているといえる。

8.2 各音声分析法の説明

ここでは，音声工房に組み込まれている音声分析法と，その詳細について説明する。

8.2.1 音声パワーとその時間的変化

音声工房では，指定した区間の音声パワーを数値データとして表示する機能，および表示波形全体にわたる音声パワーの時間的変化をグラフの形で表示する機能を備えている。指定区間の音声パワーを算出するには，区間内の各標本値の瞬時振幅を自乗加算して，RMS (root mean squre) 振幅を求め，RMS値10 000を0 dBVとして，デシベル表示している。音声工房で音声パワーを求めるには，以下のように操作する。まず，マウスドラッグで区間を選択して灰色表示させ，[処理｜パワー]を指示する。そうすると，【パワー測定】の窓が現れ，パワー値およびRMS値が表示される（図8.1）。なお，ステレオ信号に対しては，左右各チャネルごとに表示される。

図8.1 波形中の指定区間のパワー値を求める

音声パワーの時間的変化（音声工房では，パワー包絡と称している）の算出は，短い区間の音声パワーを求め，その区間を順々にずらしながら求めて時間的変化としている。この短い区間のことを窓（あるいは，観測窓）と呼んでいる。また，窓をずらせる長さをフレーム周期（あるいは，フレーム長）と呼んでいる。窓長およびフレーム周期は，[分析｜設定｜パワー包絡]を指示して，【パワー包絡】ダイアログボックスで設定する（図8.2）。パワー包絡を求める際には，窓長とフレーム周期は同じ値で，10〜30 ms程度に設定すればよいだろう。

92   8. 音声を詳しく調べる ― 音声分析 ―

図 8.2 パワー包絡を求める条件を設定する

　実際にパワー包絡を求めるには，波形窓を選択しておき，[分析｜パワー包絡] を指示すればよい．そうすると，波形窓が上下に二分され，上半分に波形が，下半分にパワー包絡が赤い線で表示される．パワー値はデシベル表示されている．各時点のパワー値を読み取るには，マウスカーソル（の先端）を赤線上の所望の位置に置き，ステータスバー中央に表示されるパワー値を読み取ればよい（図 8.3）．

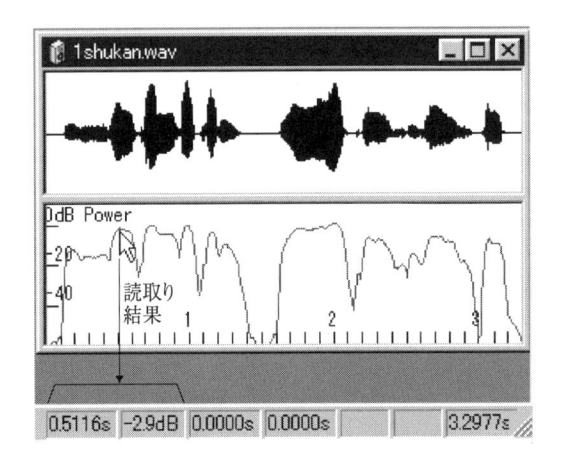

図 8.3　パワー値の読取りの方法

　パワー包絡の図から，その音声データに関するいろいろなことがわかる．音声の始点・終点の位置は，通常の（線形の）波形表示では確定しにくいが，パワー包絡では dB 表示しているので，確定しやすいという点がある．また，波形表示の場合，-40 dBV 程度以下の雑音は細い中心線で表示され，雑音があることに気が付きにくいのだが，dB 表示のパワー包

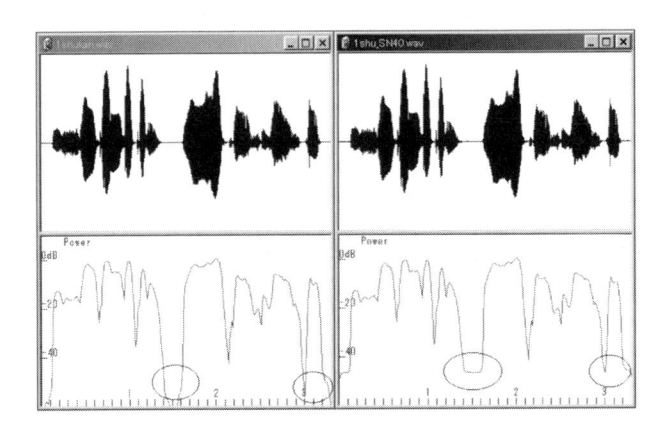

図 8.4　SN比の異なる信号のパワー包絡を比較する

絡では，無音区間でパワー値が大きいことが一見してわかる。例えば，1 shukan.wav（SN比 57 dB）と 1 shu_SN 40.wav（SN 比 40 dB）の波形およびパワー包絡を見比べるとこの事情がはっきりする（図 8.4）。

8.2.2 基本周波数とその時間的変化

基本周波数の正確な分析は，音声分析における重要な課題の一つであり，従来から種々の方法が提案されているが，完全な（分析誤りのない）分析法の考案までには至っていない。音声工房では，変形相関法という基本周波数分析法を採用している。変形相関法は，入力波形から線形予測により予測された部分を除いた残り（残差波という）の自己相関をとったものである。この方法は，必要演算量がそれほど大きくなく，分析精度が高いことが知られている。

音声工房で，基本周波数の時間的変化（これを，しばしば「ピッチパタン」と称し，基本周波数のことを「ピッチ」と称している）を求めるには，対象とする音声波形を表示させておき，［分析 | ピッチ］を指示するだけでよい。そうすると，波形表示窓が上下に二分され，下部にピッチパタンが表示される。各時点の基本周波数の値は，マウスカーソルを該当位置に移動し，ステータスバー右方の座標表示領域に表示される値を読み取ればよい。

上記の分析操作では，すでに設定されている分析条件が選択されて，その条件のもとで実行される。分析対象の音声に，選択された分析条件が適合しない場合は，分析ミスが生じるので，分析条件を変更して，再度分析する必要がある。

〔1〕 性別・分析条件の選択

ある音声データが与えられた場合，以下の順序で分析条件を設定してピッチ分析すればよい。まず，［分析 | 設定 | ピッチ］を指示し，【性別の選択】ダイアログを表示させる（図 8.5）。

発声データの性別がわかっており，かつ性別に異なる条件で分析してかまわない場合は，［男声］または［女声］のラジオボタンを選ぶ。発声データ中に男女の音声が混ざっている，あるいは男女声を共通の分析条件で分析したい場合は，［両方］の欄のラジオボタンを選ぶ。この状態で，［実行］ボタンを押すと，選択された性別に対し設定されている分析条件で分析が開始される。次回以降同じ条件で分析する場合は，［分析 | ピッチ］を選択するだけで実行される。

このようにして基本周波数分析した結果はどうだろうか。なだらかなピッチパタンが表示されただろうか。有声部において倍ピッチや半ピッチ（後述）で不連続になったり，無声区間などで激しく暴れるようなことはなかっただろうか。最初のうちは，基本周波数の分析結果を観測して，抽出ミスであるかどうか判断しにくいと思うが，しばらくすると勘が養わ

れ，抽出ミスが起きているかすぐに判断できるようになる。

抽出ミスがある場合，その原因を把握して，分析条件を正して再度分析すれば，抽出ミスはかなりの程度是正される。詳細な分析条件の設定は，つぎのようにして行う。［分析｜設定｜ピッチ］を指示して【性別の選択】ダイアログを表示させ，該当する［性別］を［男声｜女声｜両方］のラジオボタンから選択し，該当箇所の［分析条件...］ボタンを押す。そうすると，【分析条件の設定】ダイアログが現れるから，各分析条件の数値を変更すればよい（図8.6）。

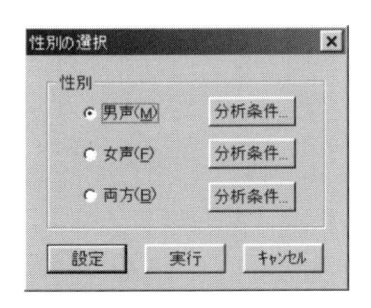

図8.5 ピッチ分析における性別の指定

図8.6 ピッチ分析における分析条件の設定

〔2〕 分析条件の設定

つぎに，各分析条件の意味とその設定値について説明する。

［分析次数］というのは，線形予測の次数のことであり，10～12の値を設定しておけばよい。［窓長］というのは，線形予測演算を行ったり，相関演算を行う際の観測窓の長さのことである。なお，窓形状としては，音声工房ではHamming窓というのを使っている。ピッチ分析の場合は，この観測窓のなかに，最低でも3個のピッチパルス（2ピッチ区間）を含まないと，正しい結果が得られない。Hamming窓では，窓の両端で小さな荷重をかけるようになっているから，3個のピッチパルスでは不十分で，4～5個のパルスがほしい。男性の低い基本周波数は，100 Hz（周期にして10 ms）以下にも下がるから，それを抽出するには，40 ms以上の窓長が望ましい。しかし，窓長が長いと平均的な基本周波数が求められることになり，細かな変動は求めることができなくなる。

このようなジレンマから，窓長として一つの値を選ぶなら30 msがよい。男声と女声に対して窓長を区別してもよいなら，女声に対しては20～30 ms，男声に対しては30～40 msがよいであろう。

フレーム長（周期）というのは，観測窓（分析区間）をずらす長さのことである。時間的な分解能とみることもできる。観測窓長として，上記のように，30 ms近辺の値を設定して

いるので，あまり短いフレーム長を設定する意味はない．通常は，10 ms と設定し，細かく分析したい場合は 5 ms 程度にするというのでよいだろう．

　最も重要な分析条件は，［最低ピッチ］（周波数），および［最高ピッチ］（周波数）である．ピッチ，すなわち基本周波数は，発声者ごとに変化する範囲が異なる．一般的に，男性は低い周波数範囲，女性および子供は高い周波数範囲にある．また，一般人より声優・アナウンサなど発声訓練を受けた人のほうが変化範囲が大きくなっており，2 オクターブ近く変化する人もいる．［最低ピッチ］を低く，［最高ピッチ］を高く設定して基本周波数分析すると，正しい基本周波数の 2 倍の値に間違えたり（倍ピッチという），逆に半分の値に間違えたり（半ピッチ）する．ピッチパタンが階段状に大きく変化する場合は，このような抽出ミスの可能性があるので，詳しく調べる必要がある．

　音声工房では，【分析条件の設定】ダイアログで標準的なピッチ変化範囲を設定している．すなわち，［標準］ボタンを押すと，男声は 100〜200 Hz，女声は 150〜300 Hz，［両方］の場合は 100〜300 Hz になっている．低い男声の場合は最低ピッチを 80 Hz と低く設定し，高い女声の場合は最高ピッチを 400 Hz（あるいは，それ以上）まで高く設定して分析するのがよい．それに伴い，最高（最低）ピッチも，できれば 1 オクターブの範囲に収まるように変更するのが望ましい．

　なお，音声工房では，【性別の選択】として［男声｜女声｜両方］の 3 種から選択するようになっているが，実際には［男声｜女声｜両方］と名付けた 3 種の分析条件を設定することができるものであり，例えば，低い女声，高い女声，ピッチが大きく変動する女声の 3 種に読み替えて設定してもかまわない．

　つぎの設定項目である［有声音しきい値］は，有声音性の度合いがそのしきい値以上の区間に対してのみ，ピッチ分析処理を行い，それ以下の区間は無声とみなしてしまうというものである．したがって，明らかに有声区間である箇所に対してのみピッチ周波数を表示させたい場合には，このしきい値を 0.8 などと高く設定し，ミス抽出は仕方ないものとし，できるだけ有声区間を逃さないようにピッチ分析したい場合には，0.6〜0.5 などと小さく設定すればよい．例えば，ささやき声に近い女声や，だみ声がかった男声の場合，このしきい値を低く設定しないと，有声区間を逃してしまうことになる．

　［振幅しきい値］は，分析対象の音声に含まれる背景雑音の程度により，その設定を変える．すなわち，背景雑音が大きい場合は，このしきい値を高く（200 とか 500 とか）設定し，RMS 振幅がそれより大きい区間のみを音声区間とみなしてピッチ分析しようというものである．これにより，雑音区間を無理やりピッチ分析することによる分析結果の異常なばらつきを回避できる．

〔3〕 分析結果の実例

それでは，実際に種々の分析条件でピッチ分析した結果を示そう。

MNI 発声の 1 shukan.wav のデータを，［標準］の［男声］の分析条件でピッチ分析すると図 8.7 のようになる。この発声者の（この発声の）場合，最低ピッチ 100 Hz，最高ピッチ 200 Hz の設定でよさそうである。この分析結果はおおむね良好であるが，細かく観察すると，母音音声の開始部および終了部などで，ピッチ周波数が大きく変化しているなど，ところどころ不審な箇所がある（図 8.7 にマーカ線を入れた付近）。

そこで，分析条件を，窓長を 40 ms，有声音しきい値を 0.8 に変更してピッチ分析した結果（下図）を，前の結果（上図）と対比して，図 8.8 に示す。

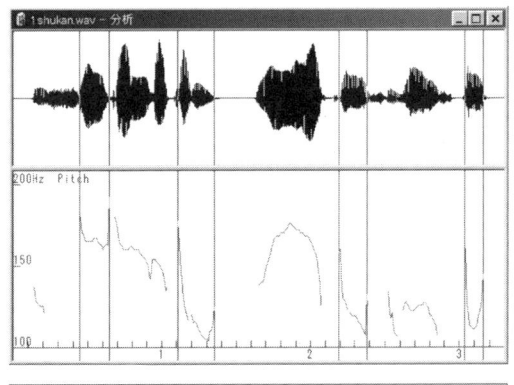

図 8.7 ピッチ分析結果の実例。ところどころピッチ周波数が急激に変化しており，結果が不審に思われる

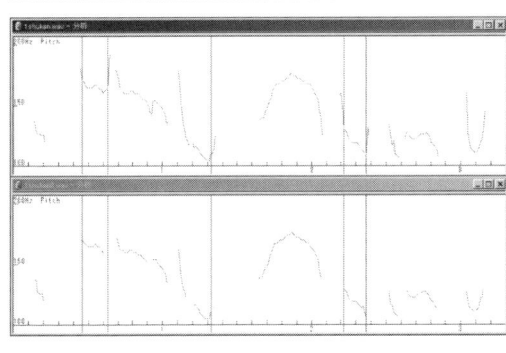

図 8.8 二つの分析条件によるピッチ分析結果の比較

窓長を長くし，有声音しきい値を厳しくすることにより，不審箇所のほとんどは無声区間とみなされて除去され，一見してまともそうなピッチ曲線になった。分析条件の変更による副作用も現れており，以前は有声区間とみなされていた 0.9261 s 付近（「ば」の b の音）が無声と判定され，ピッチ周波数が表示されていない。

上記の不審箇所の音声波形を詳細に観測し，図 8.7 の分析結果が誤りであったのかどうかを調べよう。最初の不審箇所である 0.45 s 付近（0.440〜0.470 s）の詳細波形と分析結果を図 8.9 に示す。

この付近は，「1 週」という発声における「しゅ」という摩擦音から「う」という母音に

8.2 各音声分析法の説明 97

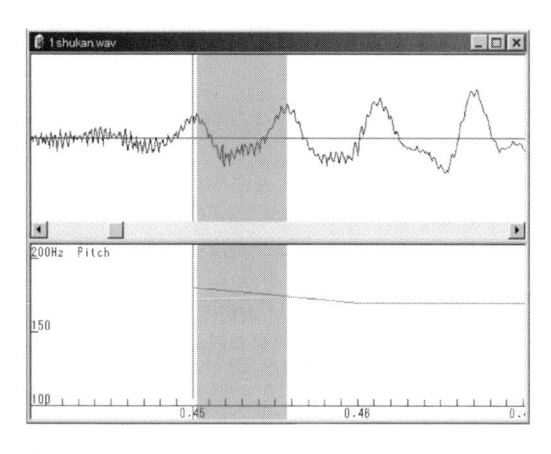

図 8.9 分析結果の不審箇所について詳細波形を観測してその正誤を調べる。「しゅ」という摩擦音から母音「う」に移行する部分

移行する部分であり，細かい周期の波に低い周波数の正弦波が重畳しはじめており，低い周波数成分が基本周波数と考えられる。この低周波成分の周期（図中の網掛け部の時間）を求めると，5.6 ms（逆数は，179 Hz）である。もとの（不審と称した）分析結果は，この部分で 180 Hz と読み取られ，波形から求まったピッチ周期（周波数）ときれいに一致する。すなわち，この部分（「1 週」の「う」の始めの部分）は，正しくピッチ分析されていたわけである。

つぎに 0.64 s 付近（0.62〜0.66 s）の詳細波形を観測しよう。詳細波形とピッチ分析結果を図 8.10 に示す。

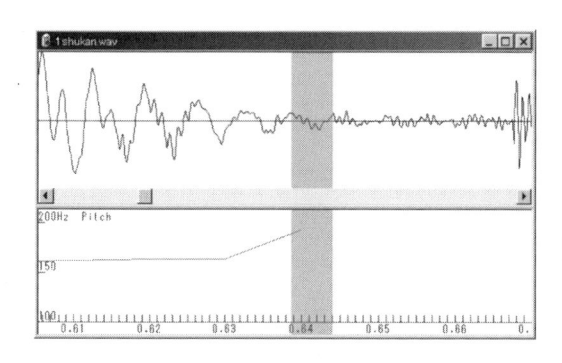

図 8.10 分析結果の不審箇所について詳細波形を観測してその正誤を調べる。母音「う」から閉止音 /k/ に移行する部分

この付近は，「週間」という発声における母音「う」から，閉止音の /k/ に移行する部分であり，「う」の周期的波形（0.60 s 付近）が，/k/ の破裂（0.668 s 付近）に至る区間で不規則な形状を呈している。0.64 s 付近を有声音と判定するかどうか微妙なところであるが，ピッチ周期区間を強いて求めると，図中の網掛け部のように，5.4 ms（逆数は，185 Hz）となる。ピッチ分析結果は，193 Hz であり，若干誤差はあるものの，それほどおかしくない値を出していることがわかる。

つぎに 1.11 s 付近（1.09〜1.14 s）の詳細波形を観測しよう。詳細波形とピッチ分析結果を図 8.11 に示す。

8. 音声を詳しく調べる — 音声分析 —

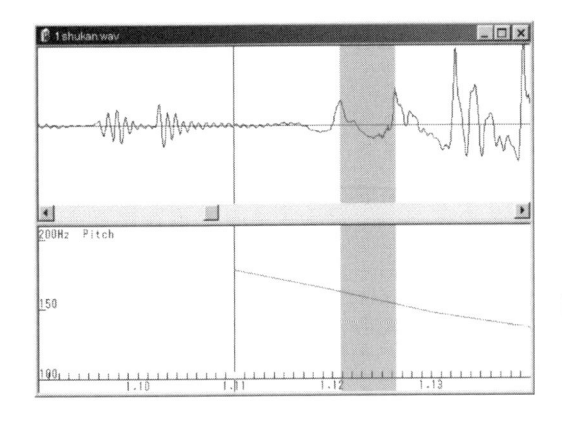

図 8.11 分析結果の不審箇所について詳細波形を観測してその正誤を調べる。「ばかり」という発声において /k/ の破裂が生じている部分

　この付近は，「ばかり」という発声における /k/ の破裂が生じている箇所である。1.11 s 付近には（低い周波数の）周期的成分は見当たらないが，1.10 s 付近の破裂音波形がやや周期的な形状を示しており，その周期は 6.1 ms（逆数は 164 Hz）となっている。この値は，分析結果の 178 Hz と少し異なる。一方，1.12 s 付近には周期的な成分が出はじめており，図に示すように，5.7 ms（逆数は 175 Hz）程度の周期になっている。この値は，分析結果の 179 Hz とほぼ符合する。すなわち，この付近の分析結果を評価すると，1.11 s 付近は誤り，1.12 s 以降は正解といえよう。一方，分析条件を変更した分析結果の詳細図を**図 8.12**に示す。

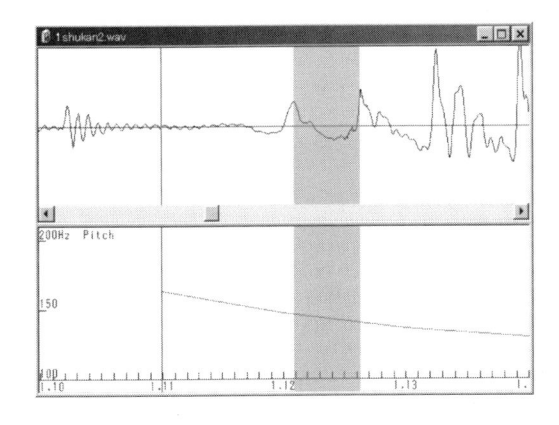

図 8.12 分析結果の不審箇所について分析条件を変えて再分析した結果。「ばかり」という発声において /k/ の破裂が生じている部分

　この結果では，1.11 s 付近で 164 Hz ともっともらしい値を出しているが，1.12 s では 148 Hz と，最初の周期的低周波成分の周期（175 Hz）とは一致しない。これは，分析窓が 40 ms と長くなっており，1.13 s 以降の長いピッチ周期（6.3 ms，6.9 ms）の影響によるものである。

　以上，3 か所について，ピッチ分析結果を詳細波形の観測により評価してきたが，同じ要領で，不審なピッチ分析結果となったその他の箇所について，各人で観測・評価してみよ。

〔4〕 雑音重畳音声の分析

つぎに，雑音が重畳した音声に対してピッチ分析することを試みよう。ここでは，7章7.2節で作成した雑音重畳音声を利用しよう。男性MNI発声の 1 shukan.wav に，白色雑音を重畳させて作成した各種SN比（30 dB, 20 dB, 10 dB）の音声データに対して，男声に対する標準的な分析条件でピッチ分析した結果を，図8.13に示す。

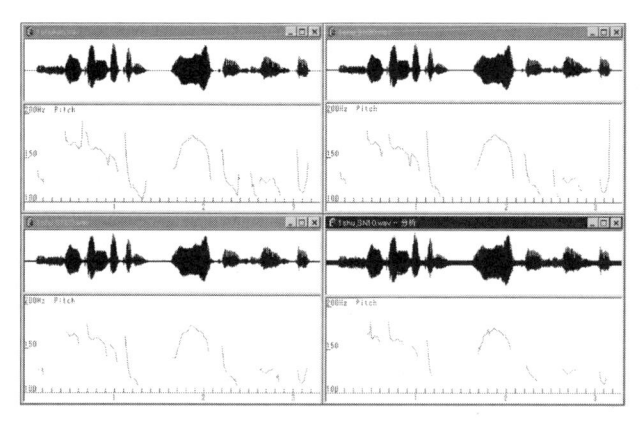

図8.13 種々のSN比の音声データに対するピッチ分析の結果。左上：もとのデータ，SN比＝50 dB，右上：SN比＝30 dB，左下：SN比＝20 dB，右下：SN比＝10 dB

左上のもとデータの分析結果に対して，右上に示したSN比＝30 dBの場合の分析結果はほとんど同じで，ところどころ異なる結果を示しているにすぎない。これに対して，左下に示したSN比＝20 dBの場合の分析結果では，レベルの小さい箇所を中心に，もとの分析結果より表示箇所が少なくなっており，例えば，「取材」の「う」の音が有声音とみなされず，ピッチ分析結果が表示されていない。この傾向は，右下に示したSN比＝10 dBの場合にさらに著しくなり，有声音とみなされた箇所が減少している（語頭の「1週間」の「い」，「ばかり」の「り」，など）。

それでは，SN比＝10 dBの音声データを，分析条件を変更してどれほど正しく分析できるか調べてみよう。1 shu_SN 10.wav のデータを異なるファイル名で4個コピーし，1 shu_SN 10_70.wav，1 shu_SN 10_65.wav，1 shu_SN 10_60.wav，1 shu_SN 10_50.wav と命名する（同一ファイルを異なる条件で分析できないため）。これらに対して，それぞれ有声音しきい値 0.7，0.65，0.6，0.5 の条件（他の条件は同じ）でピッチ分析した結果を図8.14に示す。

図8.14（左上）に対し，図8.14（右上）は，有声音しきい値を0.65に下げることにより，例えば0.90 s付近や2.80 s付近で，正しくピッチ分析された区間が増加している。さらに有声音しきい値を0.6に下げると，左下の図の0.16 s付近のように正しくピッチ抽出

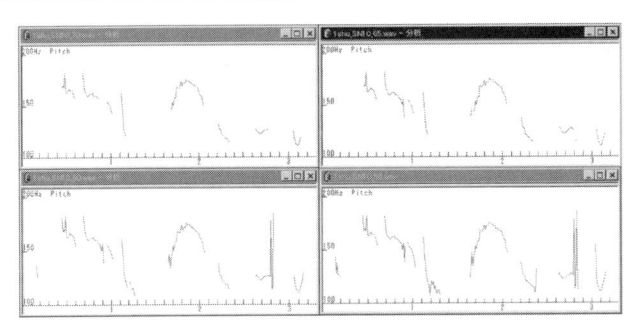

100   8. 音声を詳しく調べる ― 音声分析 ―

図 8.14 SN比の悪い音声データに対して種々の分析条件で分析する

される箇所が増加するが，一方，2.8 s 付近のように誤ってピッチ抽出された区間も生じてくる。さらにしきい値を 0.5 と下げると，右下の図のように，抽出誤りした区間が増えてくる。このように，雑音が重畳した音声データに対するピッチ分析は，有声音しきい値を変更することにより，ある程度救済することができるが，その反作用として，抽出誤りする区間も生じてくる。

上記の例は，周期性のない白雑音が音声信号に重畳した場合であるが，物音や人声など周期性を有する雑音が混入している場合は，その雑音に邪魔され，目標とする発声者のピッチ抽出はかなり困難になる。**図 8.15** は，MNI 発声の 1shukan.wav の音声データ（上図）と，それに同一発声者の他の音声データを SN 比が 20 dB になるように雑音として加えた音声データ（下図）に対して，ピッチ分析した結果を示している。見るかぎりは，下図の波形には若干雑音が付加している程度であるが，ピッチ分析の結果は，いろいろの箇所で上図のものと異なった結果を示していることがわかる。

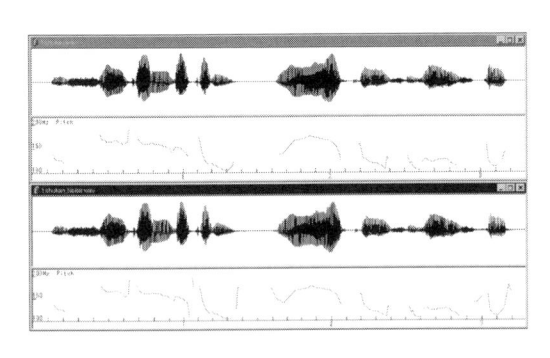

図 8.15 他の人の声が混入した音声に対するピッチ分析の結果。上図が原音，下図は SN 比＝20 dB で人声が混入

8.2.3 短区間パワースペクトル

つぎに，短区間パワースペクトルの分析法と分析結果の観測法について説明しよう。ここで，「短区間パワースペクトル」と称しているのは，音声信号の指定時点のパワースペクトルを指しており，8.2.4 項で説明する「平均スペクトル」と対比して呼んでいる。なお，音

8.2 各音声分析法の説明

声工房のメニューでは，単に「スペクトル」と表示されている．

〔1〕 スペクトルの求め方とその解釈

説明に用いる音声として，FJI 発声の a_e_i_o_u.wav を開いてみよ．最初の音の塊である「あ」の発声部分のほぼ中間点をマウスクリックし（緑線を表示させ），メニューから[分析｜スペクトル] を指示すると，**図 8.16** に示すような窓が現れる．

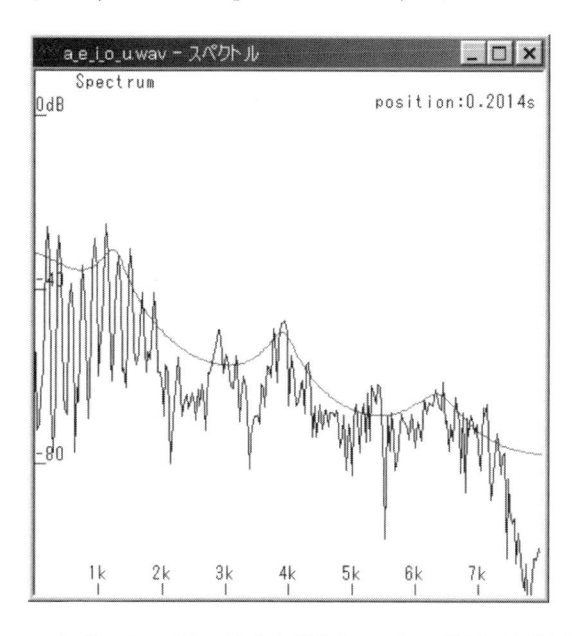

図 8.16 スペクトルの分析結果．黒線（山谷の多い線）はパワースペクトル，赤線（なだらかな曲線）はスペクトル包絡である

まず，この図の見方を説明しよう．横軸は周波数であり，kHz 単位の目盛りがふられている．縦軸は dB（デシベル）単位のパワー値であり，40 dB ごとに目盛りがふられている．この図には，赤線と黒線の 2 本の曲線が描かれており，赤線は黒線の山（ピーク）部分をなぞったような形をしている．じつは，この黒線がパワースペクトルであり，赤線はスペクトル包絡と呼ばれるものである．また，この図の右上には，測定点の時間位置が，[position: **** s] のように表示されている．

図のように，母音音声のスペクトルは，（特に低周波において）山谷の激しい様相を示す．かつ，各山の周波数は，一番低い周波数の山のほぼ整数倍になっている．図 8.16 では（最大化表示にすると読み取りやすい），189 Hz, 378 Hz, 556 Hz, 745 Hz, … と読み取れる．最も低い周波数の山である 189 Hz が，この時点（0.2014 s）の音声の基本周波数であり，その高調波が右側に続いているのである．前に述べたように，音声の生成は，肺からの空気の流れが声門で周期的な断続波に変えられ，その後，唇に至る系で変調を受けるので，このような構造のスペクトルを示すのである．規則的な山谷は 2 kHz 付近までで，それ以上の周波数域には，不規則の間隔の山谷や，幅広い谷，などいろいろなものが現れている．

一方，スペクトル包絡と呼ばれた赤い曲線は，4 個程度のなだらかな山を形成し，その山

は黒線のスペクトルの局部的な山とほぼ一致している．このスペクトル包絡の山は，ホルマント（formant）と呼ばれており，口腔における音の共鳴の周波数に相当する．このスペクトル包絡は，声門から唇に至る音響系の伝達関数に相当するもので，声門パルスがこの伝達特性を有する系に入力され，結果として，黒い曲線のパワースペクトルができあがるのである．スペクトル包絡は，線形予測法という方法を用いて，音声データから求めたものであり，有限個の（谷のない）山形の特性で伝達特性を模擬したものである．したがって，局所的な極大が数多く存在する場合や，幅が広い谷がある場合には，近似度が見かけ上悪くなっている．

〔2〕 **スペクトル分析条件の設定**

スペクトル分析では，通常，あらかじめ設定されている標準的な分析条件を使用して実行すればよい．ときには，意図的に分析条件を変更して分析する場合がある．分析条件の変更は，以下のようにして行う．メニューから［分析｜設定｜スペクトル］を選択すると，**図 8.17** に示すダイアログボックスが現れる．

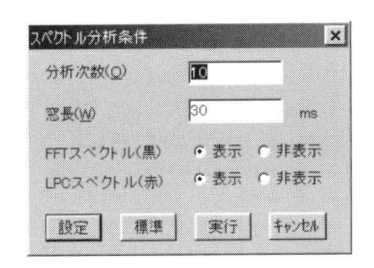

図 8.17 スペクトル分析条件を設定するダイアログボックス

図において［分析次数］というのは，線形予測の次数であって，これがスペクトル包絡に現れる山の数を決定している．すなわち，スペクトル包絡に現れる山は，最大で（分析次数／2）となる．標本化周波数 8 kHz の（電話帯域の）音声信号の場合，分析次数は 10 程度にし，標本化周波数が 16 kHz 以上の場合は，分析次数を最大の 14 程度にしてもよい．**図 8.18** に，次数が 10 と 14 の場合の，スペクトル測定結果を対比させて示す．次数が 14 の場合のほうが，もとのパワースペクトルをよりよく近似したスペクトル包絡になっていることがわかる．

つぎに，スペクトル分析における［窓長］について説明する．音声信号のある時点のスペクトルを求めるといっても，ある時点を指定するだけでは，（相対性原理から）周波数の分解能が悪くなりスペクトルが求まらない．つまり，ある時点の近傍の幅を指定して初めてスペクトルの算出が可能になる．この幅が［窓長］である．なお，音声工房においては，時間窓として Hamming 窓を採用しており，かつ高速フーリエ変換（FFT）の手法を採用するために，指定したサンプル個数単位の［窓長］よりすぐ上の 2 のべき乗の長さが実際の窓長として計算に使用されている．

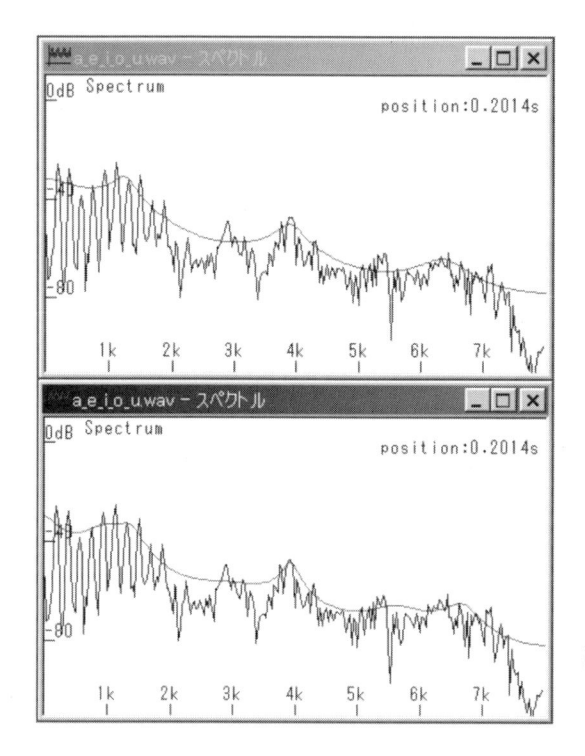

図 8.18 分析次数を変化した場合のスペクトル包絡の分析結果。上図は 10 次，下図は 14 次

例えば，標本化周波数 8 kHz の音声に，30 ms の窓長を設定したとすると，計算上はサンプル個数 240 個の窓長になるが，実際は 2 の 8 乗にあたる 256 の窓長が採用され，不足分には 0 のデータが詰められる。高速フーリエ変換により求まるパワースペクトルも，離散的な周波数における値であり，実際の窓長の 1/2 の点での値となる。すなわち，上記の 256 点の FFT によると，128 点の周波数でのスペクトル値が求まり，周波数分解能は

$$(8\,\text{kHz} \div 2) \div 128 \fallingdotseq 0.031\,\text{kHz} = 31\,\text{Hz}$$

となる。周波数分解能を上げるためには窓長を広げなければならず，そうすると時間分解能が悪くなり平均化されたパワースペクトルになってしまう。これが，時間と周波数に関する相対性原理である。

〔3〕 5 母音のスペクトル

FJI 発声の 5 母音の発声データ a_e_i_o_u.wav を用いて，5 母音のスペクトルを求めてみよう。なお，スペクトル分析条件は，[分析｜設定｜スペクトル] を指定して，[分析次数] を 14（16 kHz 標本化のデータゆえ），[窓長] を 30 ms と設定する。**図 8.19** に，5 母音の音声波形と各母音のスペクトルの測定結果を示す。

測定箇所は，波形にマーカ線を付加した場所であり，スペクトルとして（煩雑さを避けるために）スペクトル包絡のみを示している。この図より，5 母音のスペクトル（包絡）はかなり異なっており，これが各母音の音質を支配しているということができる。

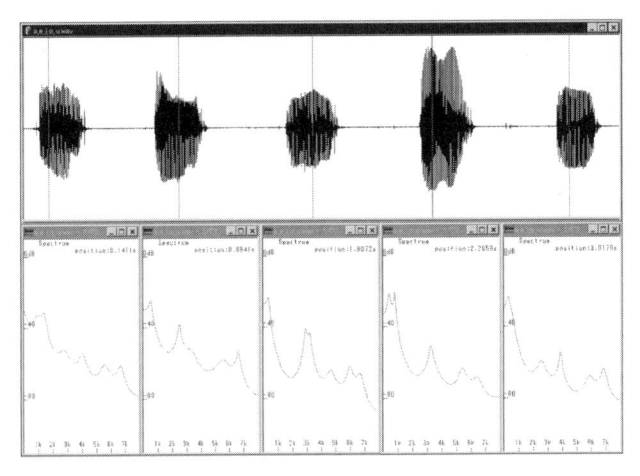

図 8.19 日本語 5 母音のスペクトル包絡（男声）。左から，「あ」「え」「い」「お」「う」

　各母音のスペクトルを詳細に観測しよう。母音「あ」のスペクトルは，第 1 ホルマント（935 Hz）と第 2 ホルマント（1 365 Hz）が接近し，その付近にエネルギー集中していることがわかる。この傾向は，同じ開母音の「お」にも見られる。閉母音の「い」のスペクトルの特徴的なことは，第 1 ホルマント（333 Hz）が非常に低い周波数に存在し，第 2 ホルマント（2 908 Hz）と離れており，第 2 ホルマントと第 3 ホルマントが接近している点である。閉母音「う」の第 1 ホルマント（281 Hz）も低い周波数域に存在するが，第 2 ホルマント（2 581 Hz）は，母音「い」よりは低い周波数に存在している。母音「え」のスペクトルは，上記 2 種の母音の中間的な特徴を示しており，図の測定点では，第 1 ホルマントが 505 Hz，第 2 ホルマントが 2 499 Hz に位置している。

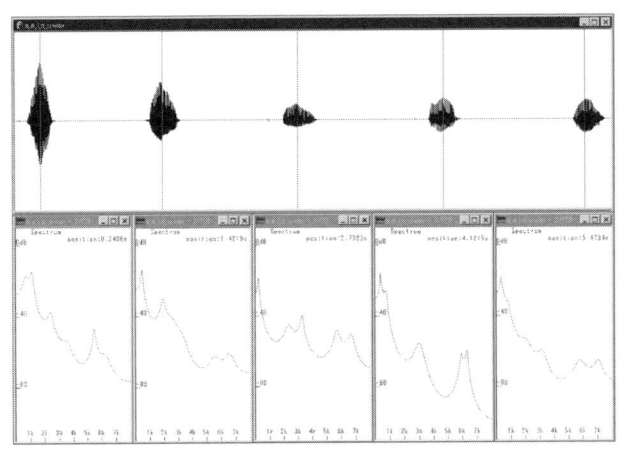

図 8.20 日本語 5 母音のスペクトル包絡（女声）。左から，「あ」「え」「い」「お」「う」

8.2 各音声分析法の説明　105

　日本語5母音を男声話者 MNI が発声したデータ a_e_i_o_u.wav について，同様に測定した結果を**図 8.20** に示す．上述した女声5母音に対するスペクトルの特徴は，男声についてもほぼ同様である．

　上述のように，離散発声された日本語5母音は，第1ホルマント周波数（F 1）と第2ホルマント周波数（F 2）によりほぼ区別できる．なお，連続発声中の母音は，ホルマントが前後の音韻の影響を受け，ホルマント周波数だけでは区別できなくなっている．

〔4〕 **子音のスペクトル**

　つぎに，子音のスペクトルを観測しよう．子音のスペクトルは，子音種別（発声様式，調音位置）により，著しく異なる．**図 8.21** は，男性 MNI が「すしづめじょーたい」と発声した音声波形（sushizumejotai.wav）と，各マーカ位置のスペクトルを示している．

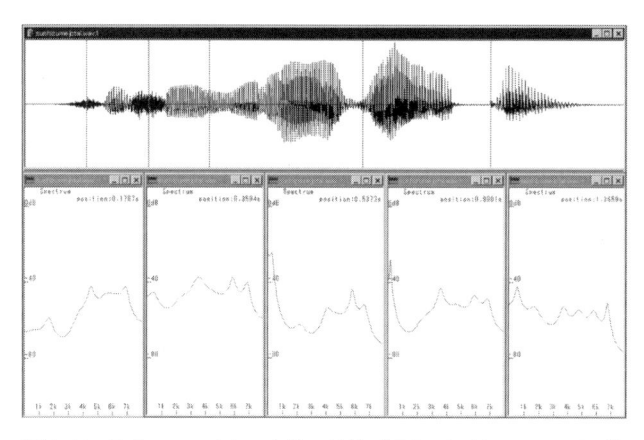

図 8.21　子音のスペクトル包絡の比較。「すしづめじょーたい」と発声した音声波形(男声)と各マーカ位置でのスペクトル包絡

　各マーカは左から，「す」の /s/ の音，「し」の /sh/ の音，「づ」の /z/ の音，「じょ」の /j/ の音，「た」の /t/ の音付近に位置づけている．摩擦音 /s/ のスペクトルは，4 kHz 以上の成分がほぼ均等に生じている．これに対し，摩擦音 /sh/ のスペクトルは，3 kHz 以上の成分がほぼ均等に生じているほか，3 kHz 以下にもかなりの勢力を有しており，ほぼ全帯域にわたり平たんな特性を有している．

　有声破擦音 /z/ のスペクトルは，低い周波数（276 Hz）域に大きな勢力の周期的成分を有し，かつ4 kHz 以上に雑音成分を有している形になっている．これに対し，有声摩擦音 /j/ もよく似たスペクトルを呈しており，雑音成分が3 kHz 以上でほぼ平たんでやや勢力が強くなっている．

　一方，閉鎖音 /t/ のスペクトルは全帯域にわたり，平たんな特性であり，一見すると摩擦音 /sh/ のスペクトルに似ている．しかし，時間構造は大きく異なり，閉鎖音 /t/ は突発的な波形，摩擦音 /sh/ は持続的な波形である．

つぎに，無声閉鎖音のスペクトルを調べてみよう．図 8.22 には，男性 MNI が「かたぱると」と発声した音声波形（kataparuto.wav），および各マーカ位置のスペクトルを示す．

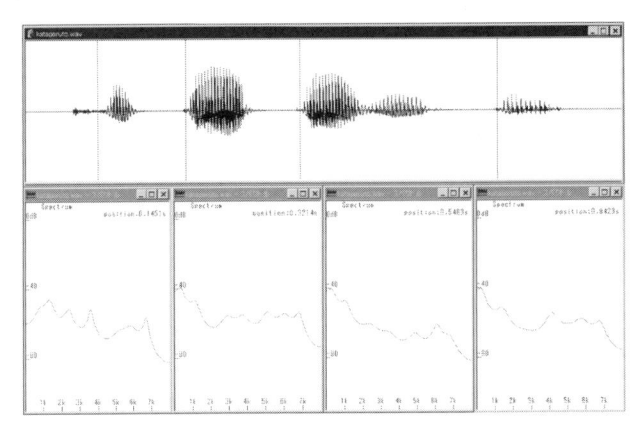

図 8.22 無声閉鎖音のスペクトル包絡の比較．「かたぱると」と発声した音声波形（男声）と各マーカ位置でのスペクトル包絡

各マーカは，左から，「か」の /k/，「た」の /t/，「ぱ」の /p/，「と」の /t/ の音付近に位置付けている．これらのスペクトルを観察すると，/k/ の音は，低周波成分を欠いたスペクトルになっており，/t/ の音は（二つとも）勢力の強い低周波成分のほかに高周波成分を有しており，/p/ の音は低周波成分の勢力が強いスペクトルになっていることがわかる．これらのスペクトルおよび閉鎖時の詳細波形から，これら 3 種の無声閉鎖音をある程度識別することができる．

つぎに，有声閉鎖音のスペクトルを調べてみよう．図 8.23 には，男性 MNI が「ばぐだっど」と発声した音声波形(bagudaddo.wav)，および各マーカ位置のスペクトルを示す．

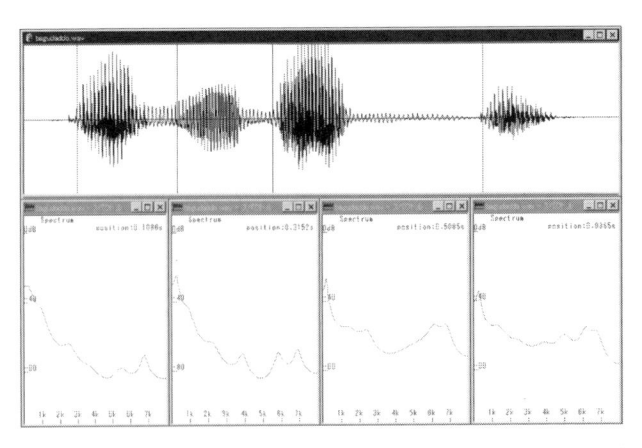

図 8.23 有声閉鎖音のスペクトル包絡の比較．「ばぐだっど」と発声した音声波形（男声）と各マーカ位置でのスペクトル包絡

各マーカは，左から，「ば」の /b/，「ぐ」の /g/，「だ」の /d/，「ど」の /d/ の音付近に位置付けている。これらのスペクトルを観察すると，いずれの音も低周波成分が強く，高周波成分は音の種類により異なることがわかる。/b/ の音は，高周波成分の勢力が最も弱く，/g/ の音の高周波成分は中程度，/d/ の音は（二つとも）高周波成分の勢力がかなり強くなっている。なお，各音とも，1 kHz 付近などにホルマント状の山を有しており，それが安定して出現しているかは，多くの発声データで確認する必要がある。

〔5〕**雑音重畳音声のスペクトル**

つぎに，雑音が重畳した音声のスペクトルを観察しよう。図 8.24 は，白雑音を付加した

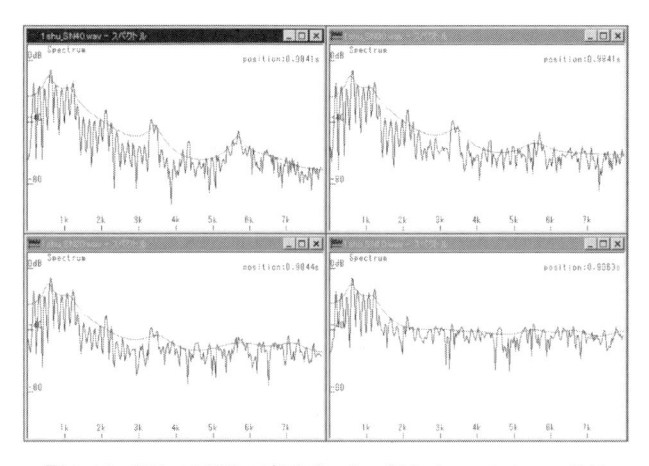

図 8.24　種々のSN比の音声データに対するスペクトルの比較
左上：SN比＝40 dB，右上：SN比＝30 dB，
左下：SN比＝20 dB，右下：SN比＝10 dB

各種 SN 比の音声（1 shukan.wav）の，同一時点のスペクトルである。

左上が SN 比＝40 dB，右上が SN 比＝30 dB，左下が SN 比＝20 dB，右下が SN 比＝10 dB の場合である。SN 比が 40 dB と大きい場合は，雑音重畳音声のスペクトルは雑音のない原音のスペクトルと大差ない。SN 比が 30 dB に低下すると，中〜高周波領域でスペクトルの谷部分が押し上げられ，平たん化しだす。SN 比が 20 dB まで低下すると，その傾向がますますひどくなり，5.6 kHz 付近にあったホルマントが隠されてしまう。SN 比が 10 dB までなると，2 kHz 以上がほぼ平たんになり，3.5 kHz 付近にあったホルマントも見えなくなってしまう。なお，低周波領域においても，SN 比の低下に伴い，谷の部分が徐々に嵩上げされるようになる。このように雑音が重畳することにより，スペクトル的にも雑音成分により音声成分がぼやかされた状態になることがわかる。

8.2.4　平均スペクトル

平均スペクトルというのは，上記の短区間パワースペクトル（dB 単位）を測定区間に対

108   8. 音声を詳しく調べる ― 音声分析 ―

して平均したものであって，信号源そのもののもつスペクトルと考えられる。上記短区間パワースペクトルの算出において，窓長を非常に長くすると（短区間とはいえないが），平均スペクトルと同様なものが求まるが，それにはかなり長い演算時間が必要になる（途中で止めることができないので，試さないほうがよい）。

図 8.25 には，FJI と MNI の男女発声者の，それぞれ 20 s 弱の音声データについて求めた平均スペクトルを示す。

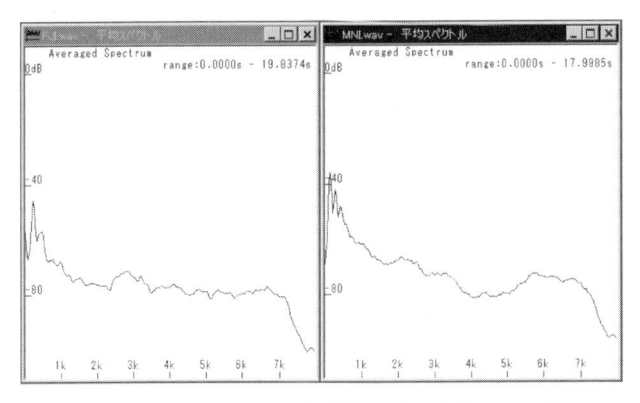

図 8.25 平均スペクトルの分析結果。左：女声，右：男声。
いずれも約 20 s の音声で測定

女声 FJI の平均スペクトルでは，220 Hz 付近の基本周波数成分とその第 2 高調波成分が大きな勢力を有しており，以降 2.4 kHz 付近まで急激に減少する。2.9 kHz 付近には少し高いスペクトルの山が存在し，高周波域にゆるい勾配で減少していっている。一方，男声 MNI の平均スペクトルは，130 Hz 付近の基本周波数成分とその第 2，第 3 高調成分が大きな勢力を有しており，周波数が高くなるにつれ，5 kHz 付近まで（女声よりきつい勾配で）減少していく。ところが，5.5〜7.0 kHz 付近までの間に，スペクトルの盛り上がりがある。全般的には，男女声の平均スペクトルを比較すると，2.5〜5.5 kHz 付近の周波数帯域で，女声に比べて男声のスペクトルが低くなっているといえる。

8.2.5 ソナグラム（サウンドスペクトログラム）

〔1〕 ソナグラムとは

つぎにソナグラムと呼ばれる音声分析法について説明する。ソナグラム（sonagram）というのは固有名詞であって，あるメーカのソナグラフ（sonagraph）と呼ばれる音声分析装置により分析された結果の図を指しており，一般名詞では，サウンドスペクトログラムと呼ばれている。横軸に時間，縦軸に周波数をとり，測定対象の音声の，ある時間ある周波数のパワーを，その位置に濃度（あるいは，特定の色）で表示したものである。ソナグラムのこ

とを日本語では，（音声に対して）声紋あるいは（音に対して）音紋と呼んでいる。

もともとのソナグラフの装置では，音声をいったん磁気ディスクに録音し，それを繰り返し再生しながら，ある帯域幅の周波数分析器に通して，その成分のパワーを放電記録により濃淡として記録していた。その際，平均化する帯域幅として，広帯域（300 Hz）もしくは狭帯域（45 Hz）のいずれかを選択していた。帯域幅として広帯域を選択した場合，時間分解能が高めであり，ホルマントの帯域幅と同程度であるから，遷移部分（わたりと称する）におけるホルマントの時間的変化をとらえるのに都合がよい。

一方，狭帯域を選択すると，周波数の分解能が向上するので，有声音に対する調波構造を鮮明に表示できるが，時間的分解能が劣るので，わたり部分の変化はそれほど明瞭でなくなる。なお，ソナグラフの装置では，ある時点の短区間スペクトルも測定でき，セクションと称していた。

コンピュータおよびディジタル信号処理の技術が進展するなかで，ソナグラフの装置もディジタル化されていき，最近ではパソコンが内蔵され，そのソフトウェアにより分析されるようになった。しかし，その分析結果（ソナグラム）は，従来のアナログ形ソナグラフ時代のものと同じものが出力できるように工夫されており，平均化する帯域幅も 300 Hz と 45 Hz が採用されている。音声工房におけるソナグラム分析機能も，ほぼこの考えに基づいて設計されている。

〔2〕 5母音のソナグラム分析

それでは，音声工房におけるソナグラム分析機能を使ってみよう。女声 FJI 発声の離散発声 5 母音の音声データ a_e_i_o_u.wav を開き，標準的な分析条件を設定するために［分析｜設定｜ソナグラム］を指定して【ソナグラム分析条件】ダイアログで［標準］のボタンを押した後，［実行］のボタンを押す。しばらくすると，図 8.26（左）のような画面になる。図 8.26（右）には，男声 MNI の 5 母音音声データに対する分析結果を示している（もし，モノクロ表示されている場合は，［表示｜ソナグラムカラー表示］を指示して，カラー表示させる）。

マウスカーソルを分析結果上に配置すると，その位置の時間と周波数の座標値が下段のステータスバー右方に表示される。［標準］のソナグラム分析条件では，帯域幅として広帯域が選択されるから，これが広帯域のソナグラムである。

波形が表示されている音声区間に対応して，黒〜青〜緑〜黄〜橙色からなる分析結果が表示されている。カラー表示では，黒〜青〜緑〜黄〜橙色の順に音声パワーが大きくなることを示している。女声の分析結果で顕著なように，水平方向に緑色の棒（voice bar という）が何本か表示されている。これがホルマントである（のちほど，ソナグラムにホルマントを重ねて表示した例を示すので，それを見るとより明らかになる）。

8. 音声を詳しく調べる — 音声分析 —

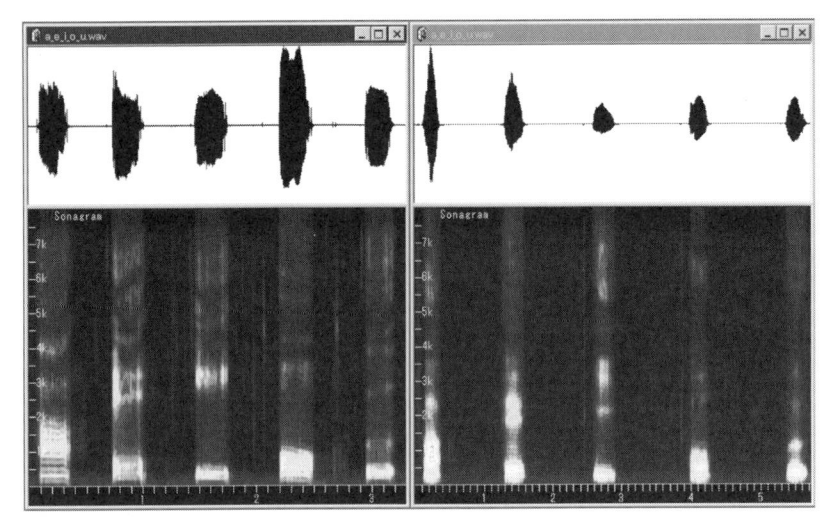

図 8.26 日本語5母音に対するソナグラム分析結果（口絵カラー写真参照）
左：女声，右：男声

　例えば，真ん中の「い」の部分には，330 Hz 付近と 3 200 Hz 付近に緑色の棒が表示されており，第1と第2ホルマントに相当するものと判断される。それらより高い周波数域には，棒状にはつながっていないが，青色の帯が存在する。「え」の発声では，410 Hz 付近にやや幅の広い帯があり，2 500 Hz と 3 100 Hz 付近に2本の帯がある。前者は第1ホルマントであるが，後者は二つのホルマントなのか，2本で一つのホルマントなのかはっきりとはしない。それらの上部の 6 400 Hz 付近にもホルマントの帯が認められる。左端の「あ」の発声では，400 Hz 付近にきわめて細い帯があり，ホルマントかどうか明確でない。その上の 1 300 Hz 付近には幅広い帯があり，一つまたは二つのホルマントの可能性がある。その上の 3 kHz，4 kHz 付近には，明瞭ではない帯が認められる。

　つぎに，「お」の発声では，400 Hz から 800 Hz までの幅広い帯が現れており，二つのホルマントが近接している可能性が高い。その上の 3 300 Hz 付近には，やや薄いが，第3ホルマントらしきものが表示されている。右端の「う」の発声では，400 Hz 付近に帯があり，第1ホルマントと推定される。それより高い周波数では，ぼんやりし，途切れた帯しか現れておらず，ホルマントとはみなしにくい。

　一方，男性 MNI の発声データ a_e_i_o_u.wav では，女声に比べて各母音を短く発声しているので，水平方向の棒の長さは短い。まず，「あ」の発声では，650 Hz 付近と 1100 Hz 付近に黄色の帯があり，それぞれ第1と第2ホルマントと推定される。その上の 2 350 Hz 付近にも黄色の棒が明瞭に表示されており，第3ホルマントと推定される。さらに，その上の 5 500 Hz 付近や 3 500 Hz 付近にもやや勢力の弱い帯がある。つぎの「え」の音では，420 Hz 付近に第1ホルマントが現れており，その上の 1 900 Hz 付近と 2 400 Hz 付近に第

2 と第 3 のホルマントが近接しているようである．真ん中の「い」の音では，200 Hz 付近に第 1 ホルマントが現れ，2 100 Hz と 3 200 Hz 付近に第 2 と第 3 のホルマントが現れている．さらに，この発声では，5 400 Hz と 6 800 Hz 付近の第 4 と第 5 ホルマントも明瞭に表示されている．つぎの「お」の発声では，400〜700 Hz 付近まで，幅広い帯があり，二つのホルマントが重なっている可能性が高い．その上の領域は明瞭でない．右端の「う」の発声では，第 1 ホルマントが 300 Hz 付近に現れており，第 2 ホルマントが 1 000 Hz 付近に現れている．さらに，やや勢力の弱い帯が上方に続いている．

つぎに，5 母音を連続発声した 5 母音の音声データ aoiue.wav に対して，ソナグラム分析した結果を調べてみよう．**図 8.27** には，左に女声に対する分析結果を，右に男声に対する分析結果を示す．

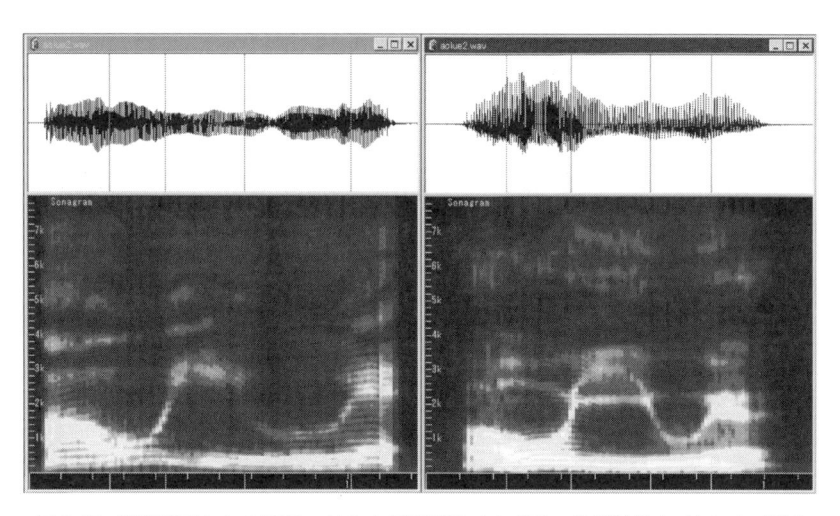

図 8.27 連続発声した 5 母音に対する（広帯域）ソナグラム分析結果（口絵カラー写真参照）．左：女声，右：男声

なお，波形（および，ソナグラムの時間座標）には，各母音の境界を縦線で示している．1 秒程度の時間に 5 母音を発声しているので，ソナグラム分析結果も時間に対して激しく変化している．女声データでは，「あ」の部分では第 1 および第 2 ホルマントが下降気味に後続する「お」の音に接続し，続いて「お」の音は早い時点（0.38 s）から第 2 ホルマントが後続する「い」の音の第 2 ホルマントに向かって急激に変化している．

「い」の音から「う」の音への変化は急であり，0.69 s 付近で急に第 2 ホルマントが低い周波数で現れている．「う」の音から「え」の音への変化も徐々に生じており，0.93 s 付近から第 2 ホルマントが「え」の音の高い第 2 ホルマントに変化を開始している．なお，第 3 以上のホルマントも，途中で消失/生起するなど母音境界付近で変化が見られ，境界を決める要素にもなっている．

男声のソナグラム分析結果の場合は，一見するとわかるように，女声に対する結果とよく似ている．開母音「あ」から開母音「お」への変化は判然とせず，開母音「お」から閉母音「い」への変化は，早い時点 0.36 s 付近から始まっている．「い」の音から「う」の音への変化は，女声の場合と異なり，徐々に始まっている（0.58 s 付近）．「い」の音の第 3 ホルマントの時間的変化を見ると，定常部がほとんどないように見える．「う」の音から「え」の音へも 0.80 s 付近からゆるやかに変化している．

このように，連続音声をソナグラム分析すると，種類の異なる音の境界付近で，分析結果が大きく変化することを観測できる．

つぎに，狭帯域のソナグラム分析の結果を観測しよう．図 8.28 は，先ほどの連続 5 母音を狭帯域分析した結果である．

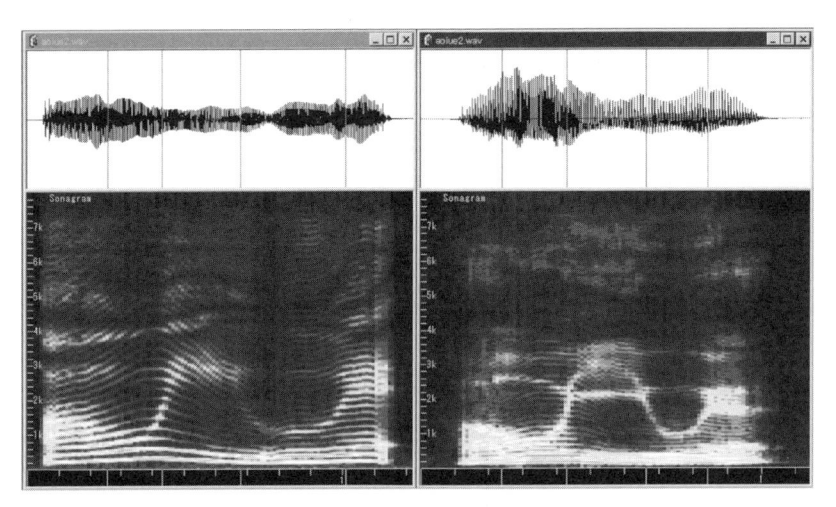

図 8.28 連続発声した 5 母音に対する（狭帯域）ソナグラム分析結果
（口絵カラー写真参照）．左：女声，右：男声

左の女声に対する分析結果を観測すると，最下部に少し周波数が変化する緑の棒に気が付くだろう．これは，基本周波数(ピッチ)の時間変化曲線である．狭帯域ソナグラムには，この基本周波数成分の高調波が，（勢力の強い箇所のみ）上方に表示されているわけである．

つぎに，右の男声に対する分析結果を観測する．男声の場合，基本周波数が低いので，つぎの調波成分と境界が重なってしまい，各調波の変化は観測しにくい．このように，狭帯域ソナグラムは，音声信号に対するホルマントおよびその変化をとらえるのには向いていない．

（広帯域）ソナグラムがホルマントの検出に有効といっても，実際にはかなり熟練を要するものであり，かつホルマント周波数の抽出には精度不足であることも理解できたと思う．ホルマント周波数の読取りには，つぎの 8.2.6 項で説明する直接的な方法のほうが簡単である．ソナグラムは，音あるいは音声の特性を総合的に直感するものであり，詳細な数値特性

を求めるには，他の方法を援用すればよい。

〔3〕 **モノクロ表示のソナグラム**

ソナグラム分析結果をモノクロの多階調表示するには，カラー表示されている状態で，［表示］メニューの［ソナグラムカラー表示］のチェックを外せばよい。そうすると，モノクロ表示に切り替わるとともに，以降の分析結果がモノクロ表示されるようになる。例えば，図 8.28 の 5 母音の狭帯域ソナグラムをモノクロ表示すると，**図 8.29** のようになる。

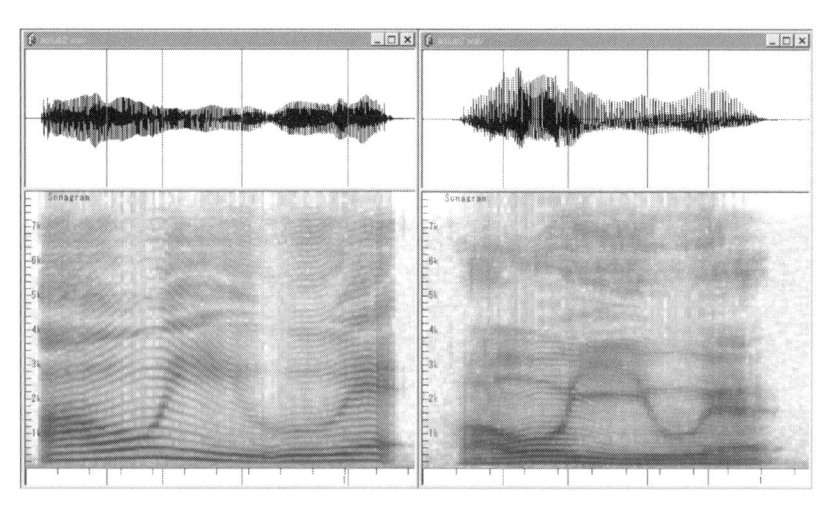

図 8.29 連続発声した 5 母音に対する（狭帯域）ソナグラム分析結果をモノクロ表示（口絵カラー写真参照）。左：女声，右：男声

各調波の時間的変化が観測でき，見やすいという意見もあるが，従来の（放電記録していた）ソナグラフ装置による結果と大いに異なるものになる。そこで，音声工房では，表示上限/下限というパラメータを制御することにより，従来装置の結果と近似させようとしている。この考えを，**図 8.30** を使って説明しよう。

図 8.30 において，横軸は計算結果の音声パワーであり，縦軸は表示される濃度あるいは

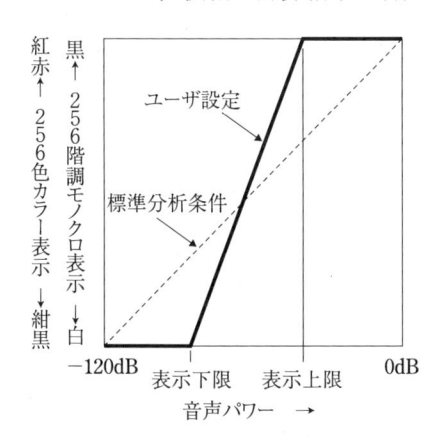

図 8.30 ソナグラムのモノクロ表示をユーザ設定する方法

色である．標準分析条件の場合，図中の破線のような特性で表示している．つまり，入力音声パワーが−120 dB と 0 dB の間で，カラー表示の場合なら，黒紺〜赤紅の色が均等に対応付けられており，256 階調モノクロ表示の場合なら，白から黒までを均等に対応付けられている．これに対し，図示のように表示下限と表示上限を設定し実線のような特性で表示すると，表示下限以下のパワー値の箇所は，カラー表示なら黒，モノクロ表示なら白，そして表示上限以上のパワー値の箇所は，カラー表示なら紅，モノクロ表示なら黒で表示される．また，表示下限と表示上限の間のパワー値の箇所は，（勾配が立っているので）パワー値の変化に急激に変化する色あるいは濃度で表示される．極端な場合として上限と下限の値を一致させると，その値を境に（モノクロ表示の場合）黒白どちらかで表示されるようになる．

従来のアナログ形のソナグラフは，放電記録という印刷法を採用していたために，黒白どちらかが印刷されるのに近い状態であった．すなわち，上記の表示下限と表示上限を近い値にすることにより，従来のソナグラフに近い表示が可能になるわけである．ただし，下限値および上限値そのものは，入力信号の音声パワーに応じて設定する必要がある．**図 8.31** は，図 8.29 のソナグラムを，表示下限＝−80 dB，表示上限＝−40 dB と変更した場合の表示結果である．

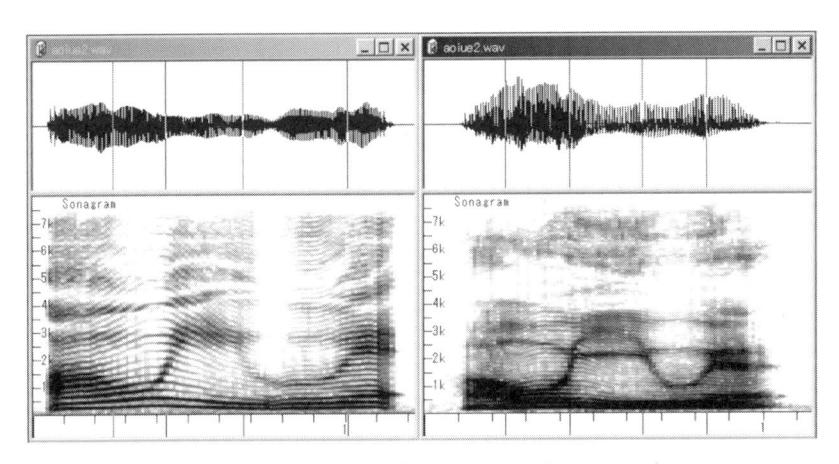

図 8.31　表示上限/下限を設定したモノクロ表示のソナグラム

コピー機のように，白黒の明確な表示になったことが理解できよう．なお，カラー表示の場合は，表示下限と上限の特別な設定は必要ないだろう．

〔4〕 ソナグラム分析条件の設定

メインメニューから［分析｜設定｜ソナグラム］を指示して現れる【ソナグラム分析条件】のダイアログには，上で説明した［狭帯域/広帯域］の選択，［表示下限/上限］の設定のほかに，［窓長］および［フレーム長］の設定がある．標準的分析条件では，窓長は 30 ms，フレーム長は 10 ms に設定される．

ここでは，これらの設定法について説明する。ソナグラム分析は，FFT（高速フーリエ変換）による短区間パワースペクトルの計算結果に基づいている。したがって，【ソナグラム分析条件】における［窓長］は，短区間パワースペクトルの算出時に適用される。短区間スペクトルの項でも述べたように，窓長が周波数分解能を決める。例えば，帯域幅 45 Hz の狭帯域ソナグラムを求めたい場合，それより細かい精度でパワースペクトルを求めておく必要がある。逆に，粗い周波数分解能でパワースペクトルを求めた場合，狭帯域ソナグラムの表示を指定しても，実際に表示されるものは狭帯域ソナグラムと異なるものになっているので注意を要する。

実例を示そう。16 kHz 標本化の信号に対して 30 ms の窓を設定した場合，サンプル個数単位の窓長は 480 個になり，512 点の FFT が実行される。その結果，パワースペクトルの周波数分解能は，16 000 Hz ÷ 512 = 31 Hz になる。この値は，狭帯域ソナグラム分析時の帯域幅 45 Hz より小さく，狭帯域ソナグラム分析が意味をもつことになる（この理由により，標準分析条件では，窓長を 30 ms にしている）。同じ信号に 10 ms の窓を設定すると，窓長は 160 個になり，256 点の FFT が実行され，スペクトル分解能は 62.5 Hz（>45 Hz）になる。すなわち，この結果から狭帯域ソナグラムを表示させても正しいものが表示されないことになる。また，この結果から，広帯域ソナグラムのみを利用する場合には，10 ms 程度の短い窓長でもかまわないことがわかる。窓長を短くすると，急峻な変化を正しく表示するが，やや連続性を欠いたソナグラムが表示される。

一方，フレーム周期は，ソナグラム分析・表示の繰返し周期を指定するものであり，上記窓長の 1/3～1/1 程度の長さにすればよい。なお，細かいフレーム周期にすると，若干演算時間がかかるようになる。

8.2.6 ホルマントとその時間的変化

ホルマントというのは，口腔のなかでの音波の共鳴であり，ソナグラムに見るように，放射された音声のパワースペクトルが大きな箇所（極大値）として求めることができる。これに対して，線形予測分析法と呼ばれる音声分析法では，ある仮定を施すことにより，音声の標本値から口腔における音の伝達特性を求めることができるのである。これが，短区間スペクトルの項で説明したスペクトル包絡である。そのスペクトル包絡の極大箇所（極周波数）を数学的に求めると，これがホルマントに対応する。音声工房では，この原理に基づいて，ホルマント周波数（および，ホルマント帯域幅）を抽出している。

〔1〕 **ホルマントの求め方**

ホルマントを求めるには，つぎのように操作すればよい。測定対象の波形が表示されている状態で，［分析｜ホルマント］を指示すると，現在設定されている分析条件で，その波形

に対するホルマント周波数とその時間変化が，波形の下に表示される（すでにホルマント分析済みで，［表示｜表示領域｜波形］が指示され，波形のみ表示されている場合は，［表示｜表示領域｜波形と分析］を指示すると，ホルマント分析結果が再度表示されるようになる）。

男性 MNI 発声の短文章 1 shukan.wav の音声データに対して，（標準の分析条件で）ホルマント分析すると，図 8.32 のようになる。

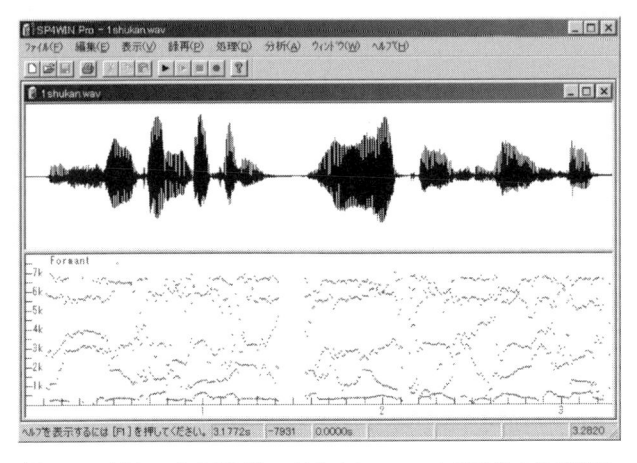

図 8.32 短文の音声(男声)に対するホルマント周波数の分析結果

このホルマント分析結果は，各分析時点でのホルマント周波数の分析結果を点として表示したものである。ホルマント周波数の時間的変化が緩やかな区間では，あたかも連続するようにホルマントの変化が表示される。しかし，ホルマントの動きが激しい区間や，ホルマントが安定して抽出されない区間では，飛び飛びの点として表示される。なるだけなだらかなホルマント変化を表示させたい場合には，［分析条件］中の［フレーム周期］の値を 2 ms などと小さな値に設定するとよい。

ここで求めたホルマント周波数は，スペクトル包絡の極大箇所であるから，有声音だけではなく，無声音に対しても求められている。例えば，図 8.32 において，0.15 s 付近は，「1週間」の「い」の発声部分であり，比較的安定した 5 個のホルマントが観測できる。その後に続く 0.3 s 付近は，「1 週間」の /sh/ の発声部分であり，3 kHz 以上の高い周波数に 3個のホルマントが現れていることがわかる。

マウスカーソルをホルマント分析結果画面上で移動させると，その座標値（時間と周波数）がステータスバーに表示されるので，ホルマント周波数を読み取ることが可能になる（最大化表示すると読取り精度が高い）。なお，ホルマント周波数を数値データとして出力する方法については，8.3 節で説明する。

〔2〕 ホルマント分析条件の設定

ホルマント分析においては，何個のホルマントを抽出するのかをあらかじめ意図しておかなければならない．標準的なホルマント分析条件では，最大5個のホルマントを抽出するように設定されているので，一般的にはそれで十分であろう．しかし，広帯域の信号の，特に高次のホルマントを観測したいといった場合は，独自にホルマント分析条件を設定する必要がある．

［分析｜設定｜ホルマント］を指示すると，【ホルマント分析条件】のダイアログが開く．音声工房におけるホルマント分析は，線形予測分析を基本しているから，分析条件としても線形予測分析に関係するもの項目が並んでいる．［分析次数］というのは，線形予測の次数であって，これがスペクトル包絡に現れる山の数を決定している．すなわち，スペクトル包絡に現れる山は，最大で（分析次数÷2）となる．標本化周波数8 kHz（電話帯域）の音声信号の場合，分析次数は10程度でよいが，標本化周波数が16 kHz以上の場合は，分析次数を最大の14程度にしてもよい．

つぎの設定項目である［窓長］は，ホルマント抽出の際に平均化する区間の長さであり，つぎの項目である［フレーム周期］との関連で決められる．［フレーム周期］は，ホルマント分析を繰り返す周期のことであり，通常5〜20 ms程度に選ばれる．［窓長］の値は，［フレーム周期］の2〜3倍程度の値にすればよい．標準値では，［フレーム周期］が10 msで，［窓長］を30 msとしている．

変化が激しい区間に対しホルマント分析する場合は，［フレーム周期］の値を5 ms以下の値にし，窓長も小さな値に設定すると，ホルマントの急激な変化に追随した結果が得られる．

つぎの設定項目である［振幅しきい値］は，無音区間に対して分析・表示をやめ，音声区間についてのホルマント分析結果を見やすくするためのものである．分析対象とする音声データの，振幅やSN比に応じて設定すればよい．小さな値を設定すると，振幅の小さい子音を取りこぼすことなく分析するが，音声以外の雑音も分析してしまう．逆に，大きな値を設定すると，雑音だけでなく，振幅の小さな音声区間も分析対象外となってしまう．

〔3〕 5母音のホルマント

日本語5母音のホルマント周波数を実測してみよう．男性MNIの離散発声データa_e_i_o_u.wavを開き，（このデータは標本化周波数が16 kHzであるので）分析次数14次でホルマント分析した結果を図8.33に示す．

母音の種類により，抽出結果の安定性は若干異なるが，各母音に対して水平方向に3〜6本の棒が表示されていることがわかる．この棒がホルマントであり，下から第1ホルマント（F1），第2ホルマント（F2），第3ホルマント（F3），…と呼ぶ．最初の「あ」の音につ

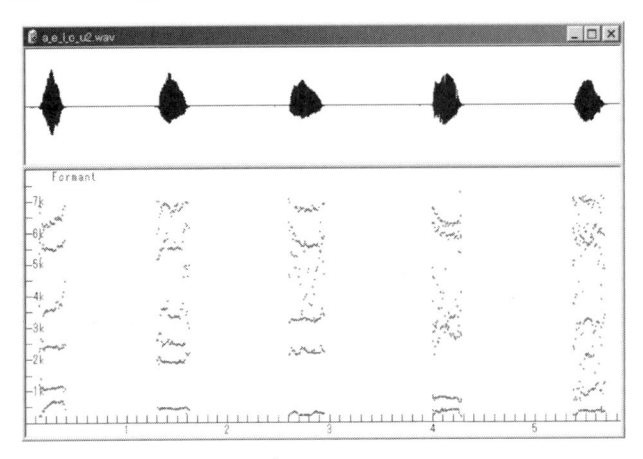

118   8. 音声を詳しく調べる — 音声分析 —

図 8.33 日本語 5 母音の音声（男声）に対するホルマント周波数の分析結果

いては，F1が650 Hz（付近，以下同じ），F2が1 100 Hz, F3が2 500 Hz, F4は3 600 Hz, F5は5 500 Hzに存在する。つぎの「え」の音は，F1が420 Hz, F2が1 900 Hz, F3が2 500 Hz, F4が3 300 Hz, F5が5 500 Hzに存在する。「い」の音のホルマントは，F1は220 Hz, F2は2 150 Hz, F3は3 300 Hz, F4は5 500 Hz, F5は6 700 Hzに現れている。つぎの「お」の音は，F1は330 Hz, F2は740 Hzに存在し，F3は3 100 Hz付近で明確ではなく，F4は5 900 Hz, F5は6 300 Hzと近接して存在する。「う」の音は，F1が350 Hz, F2が900 Hzに存在するが，第3ホルマント以上明確ではない。

　ついで女声の音声データについて観測してみよう。女声データに対するホルマント分析結果を**図 8.34**に示す。

　全般的には，男声に比べて持続発声しているので，ホルマントが安定して抽出されている。まず「あ」の音では，950 Hzと1 370 Hz付近にF1とF2が存在するが，あまり安定

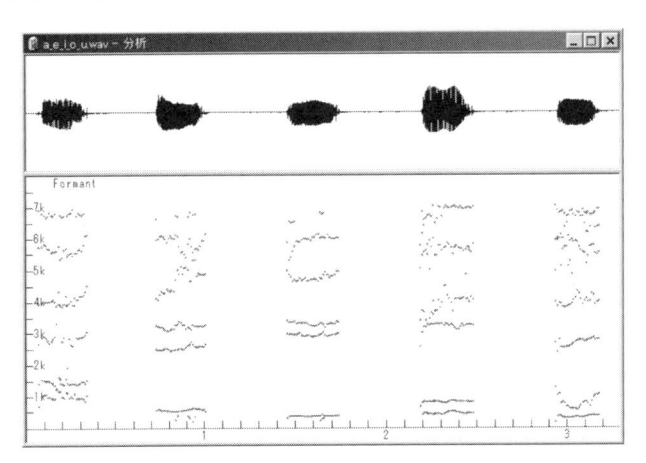

図 8.34 日本語 5 母音の音声（女声）に対するホルマント周波数の分析結果

していない．F3は2900 Hz，F4は4000 Hz，F5は5500 Hz，F6は6700 Hzと比較的安定して抽出されている．「え」の音では，F1が570 Hzに，F2が2450 Hz，F3が3250 Hzに認められるが，それ以上のホルマントは明瞭でない．「い」の音では，F1が360 Hz，F2が2900 Hz，F3が3300 Hzに存在し，その上にはF4が4700 Hz，F5が6000 Hzに存在する．「お」の音では，F1が500 Hz，F2は800 Hz，F3は3300 Hzに存在するが，それ以上のホルマントは特に語頭部で時間的に変化しており明瞭でない．「う」の音のホルマントは，F1が330 Hz，F2は時間変化しているが760 Hz，F3は2750 Hzに存在し，高次のホルマントは徐々に不明確になっている．

上記5母音の音声データは，標本化周波数が16 kHzで，周波数帯域は8 kHzになっている．このような信号に，少ない分析次数，例えば10でホルマント分析すると，勢力の弱いホルマント（上記の例では，F4以上）が時間的に切り替わって選択され，安定して抽出されない．したがって，上記の例のように高い分析次数でホルマント分析し，的確にホルマントを把握することが大切である．女声FJIのデータを，分析次数10次でホルマント分析してみると，この注意が実感できよう．

つぎに連続発声した5母音のホルマントを観測しよう．図8.35には，左に女性，右に男性が発声した音声データaoiue.wavに対してホルマント分析（次数14）した結果を示す．

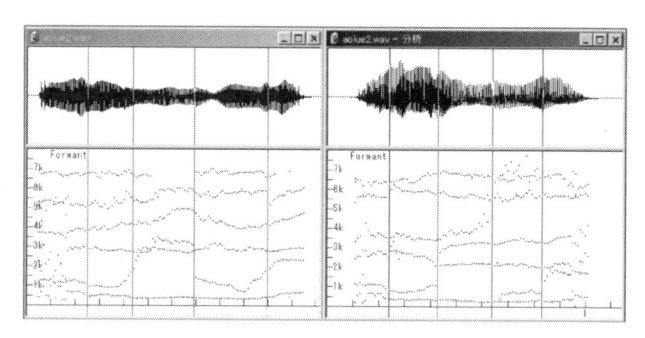

図8.35 連続発声した日本語5母音に対するホルマント周波数の分析結果．左：女声，右：男声

縦線のマーカは，各母音の境界と推定される箇所を示す．両発声とも（特に女声），出はじめの「あ」の部分では，安定にホルマントが出ていないが，それ以降はつぎの母音への遷移区間を作りながら滑らかに変化している．女声の「お」から「い」に変化する第2ホルマントのように，なだらかに遷移する場合と，「い」から「う」への第2ホルマントのように急激に変化する（現れる）場合もある．母音の境界は，本来一時点として決められるものではないが，スペクトル（したがって，ホルマント周波数）の変化点，波形の変化状況などを総合的に視察して決めたものである（なお，このような人為的作業を，セグメンテーションあるいはラベリングなどと呼んでいる）．

8.2.7 ホルマントをソナグラム上に表示する

これまで説明したように，ソナグラムでは音声エネルギーが集中している周波数帯をおおよそ知ることができるが，ホルマント周波数の正確な値はわからない。これに対し，線形予測法に基づくホルマント周波数の推定では，音声エネルギーの集中の程度はわからないが，スペクトル包絡の極大箇所として，ホルマント周波数を正確に求めることができる。

そこで，ソナグラムの分析結果上にホルマント周波数を重ねて表示すると，音声エネルギーの集中箇所および極大周波数が同時に観測でき，より理解しやすい図になっている。この図を表示させるには，音声波形を表示させた状態で［分析｜ソナグラム ＆ ホルマント］を指定すればよい。この操作により表示されるソナグラムは，［分析｜設定｜ソナグラム］で設定された分析条件が採用され，ホルマントは［分析｜設定｜ホルマント］で設定された分析条件が採用されている。図 8.36 に，男声の 1 shukan.wav（「1 週間ばかり，ニューヨークを取材した」）に対して，ソナグラム ＆ ホルマント分析した例を示す。ソナグラム分析条件は標準（広帯域）であり，ホルマント分析条件は，分析次数を 14 とした以外は標準と同じである。

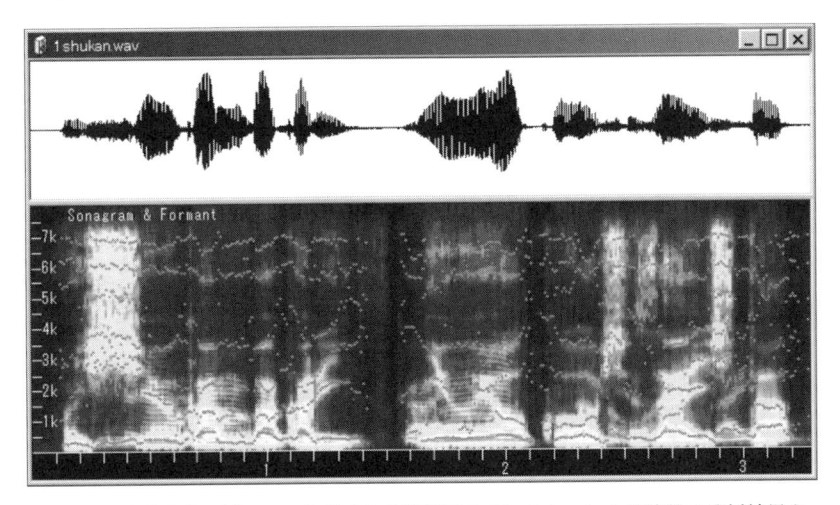

図 8.36 連続音声に対するソナグラム分析結果の上にホルマント周波数の分析結果を重ね書きした（口絵カラー写真参照）

連続音声に対するソナグラムとホルマントは，図のように非常に複雑であるが，この図を仔細に観察すると，じつにさまざまなことがわかる。語頭の「い」の音では，第 2 ホルマント（F 2）および第 3 ホルマント（F 3）が，離散発声の「い」の音の比べて低い周波数から立ち上がり，つぎの音「しゅ」に到達するあたりで定常時の周波数になっている。/sh/ の音の摩擦が始まった（0.212 s）後も，「い」の第 1 ホルマント（F 1）は 0.250 s 付近まで持続している。これは，促音発声によるものと思われる。摩擦音 /sh/ の区間では，3 kHz

以上にエネルギーが集中しており，その区間にもホルマント状の安定したスペクトルピークが存在している。それに続く「うー」の発声では，摩擦音が 0.470 s 付近まで持続するのに，F1 は 0.443 s 付近から現れている。「うー」の区間では，F2 と F3 が /k/ の閉鎖に向けて下降するなか，F4 が下降上昇と複雑な様相をみせている。/k/ の破裂の後，後続する母音「あ」に向けて，F2～F6 がすべて急激に下降している。「あ」から「ん」に変わる時点では，F1 が急激に低下しているが，F2～F6 はほぼ同じ周波数で接続している。「ん」に接続する有声閉鎖音 /b/ の音では，F2～F4 が上昇して（F2 はやや不明瞭だが）入っている。F1 は，「ん」から継続した値を保ち，「あ」の音に入ると急上昇している。後続する /k/ の破裂の区間ではホルマントが乱れ，判然としない。ただ，前の /k/ の破裂の区間と同様に，F3 が低下するなか，F4 が急激な上昇・下降を示しているのに気が付く。「あ」の音では，F2 と F3 が後続する「り」の音に向け上昇するなか，F4 は下降している。「り」の流音 /r/ の箇所は，ほとんど識別できないが，F1 に小さな谷をつくっており，かつ「い」の定常値に向かって F2 と F3 が徐々に上昇している。「あい」と発声した場合には，F2 と F3 は急激に切り替わるので，このなだらかな変化が /r/ の発声によるものかもしれない。

　続いて後半の分析結果を調べよう。1.700 s 付近までが「にゅ」の /n/ の音であり，F2 はほぼ一定しているが，F3 が下降している。続いて，1.795 s 付近までが，半母音 /y/ の区間であり，F2 が下降し，F3 はほぼ一定になっている。1.795～1.925 s あたりまでが母音「う」の区間であるが，F2～F4 が安定していない。なお，この区間にはソナグラム上に V 字の変化が認められるが，分析結果ではホルマント変化とはみなされていない。

　1.925 s からの F2 の低下（特にソナグラムの）が，つぎの半母音 /y/ に相当し，それに続く長音「おー」の部分で，F2 の低下，F3 と F4 の上昇が生じているものと思われる。この長音の最後の部分では，まず F3 以上の成分が消え，ついで F2 が消え，最後に F1 がなくなるという様相を示している。つぎの /k/ の破裂の箇所では，低周波に明確なエネルギー集中を示している。続いて短い「う」の区間に続いて，母音「お」の区間が現れている。「お」の区間の後部では F1～F4 が上下に変化している。続いて，摩擦音 /sh/ と有声破擦音 /z/ が連続して生じている。前者は 2.5 kHz 以上の成分のみを有しているが，後者は 4 kHz 以上の成分のほか，270 Hz 付近に勢力の強いホルマント成分を有している。/z/ の音は，ソナグラムからわかるように，2.651 s 付近まで続いている。しかし，母音「あ」の第 1 および第 3 ホルマントは，2.623 s 付近から変化を示しはじめている。「あ」の音は，2.729 s 付近まで安定して持続し，それから「い」の音に急激に変化する。ホルマント分析結果を見ると，「あ」から「い」に変化する際，F2 が F3 に，F3 が F2 に，クロスして遷移するように見える。「い」の後部では，F2～F5 が上昇気味に摩擦音 /sh/ につながって

いる。最後に，/t/ の閉鎖による無音区間の後，母音「あ」に接続している。

8.2.8　複数の分析結果を表示させて観測する

音声波形，あるいは音声分析結果を観測する場合，全体の波形とある部分の詳細波形を表示させたり，ピッチ分析の結果とホルマントの分析結果を同時に表示させたりしたい場合が生じる。ここでは，ある音声データに対する複数波形，あるいは複数の分析結果を同時に表示させて観測するテクニックを紹介しよう。

〔1〕　全体波形と部分波形を表示する

音声工房では，同一の音声データを二つ以上の波形ウィンドウで表示することができる。その際，各ウィンドウは［全体波形］か［指定区間］かを選択して表示できるので，例えば，あるウィンドウに音声データ全体を表示し，もう一つのウィンドウに一部のデータを詳細表示することができる。さらに，各ウィンドウにおける振幅倍率は，それぞれ別の値を設定できるので，振幅の点からも，通常表示と詳細表示を併用することができる。図 8.37 は，MNI 発声の 1 shukan.wav という音声データを，上に全体波形を，左下に文頭部分の詳細波形を，右下に文尾部分の詳細波形を示している。

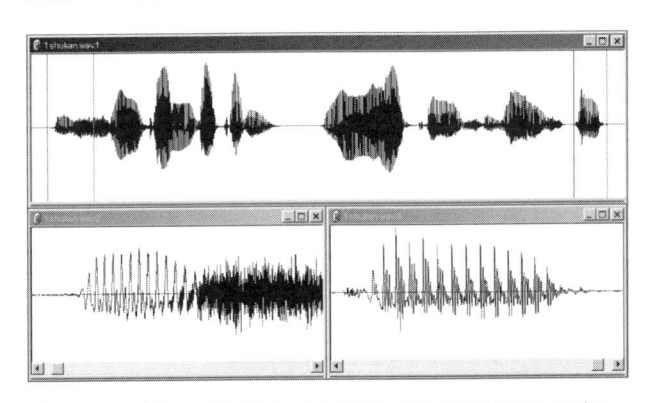

図 8.37　短文の全体波形とその文頭と文尾の詳細波形を同時に表示する

文頭部分は振幅を 4 倍拡大表示し，文尾部分は 2 倍の拡大表示している。なお，詳細波形として表示した箇所は，上の全体波形にマーカ線で挟まれた部分である。

このように表示させるには，音声工房で以下のように操作すればよい。全体波形 1 shukan.wav を表示した状態で，［ウィンドウ｜新しいウィンドウを開く］を指示する。そうすると，新しい【1 shukan.wav：2】と命名された波形ウィンドウが開き，もとのウィンドウは【1 shukan.wav：1】という名前に変わる。再度，［ウィンドウ｜新しいウィンドウを開く］を指示すると，つぎの番号のウィンドウが現れる。【1 shukan.wav：1】のウィンドウで，拡大表示したい箇所にマーカ線を入れておこう。このマーカ線は，新しいウィンドウに

8.2 各音声分析法の説明　　123

も反映される．【1 shukan.wav：2】のウィンドウを選択し，詳細表示したいマーカ線の間をマウスドラッグで選択し，［表示｜指定区間］を指示して，さらに［表示｜振幅倍率変更｜4倍］を指示して詳細表示させる．同様に，【1 shukan.wav：3】のウィンドウを選択し，文尾部分も詳細表示する．各ウィンドウの大きさおよび位置を調整すれば，図 8.37 のようになる．

〔2〕 **ピッチとホルマントを同時表示する**

音声工房では，一つの波形ウィンドウに一つの波形と一つの分析結果を表示するように設計されている．しかし，一つの音声データに対して，複数の異なる分析法による分析結果を表示させたい場合がある．ここでは，例として，ピッチとホルマントを同時表示する方法を示そう．

MNI 発声の 1 shukan.wav という音声データを表示した状態で，［ウィンドウ｜新しいウィンドウを開く］を指示して，新しいウィンドウ【1 shukan.wav：2】を開く．もとの波形【1 shukan.wav：1】を選択して，［分析｜ピッチ］分析を指示する．一方，新しいウィンドウ【1 shukan.wav：2】に対して［分析｜ホルマント］分析を指示する．二つのウィンドウ内の波形エリアと分析結果エリアの表示割合，および二つのウィンドウの大きさと位置を調整すると，**図 8.38** のように表示される．

上記に加えて，パワー包絡やソナグラムも同時表示することができる．

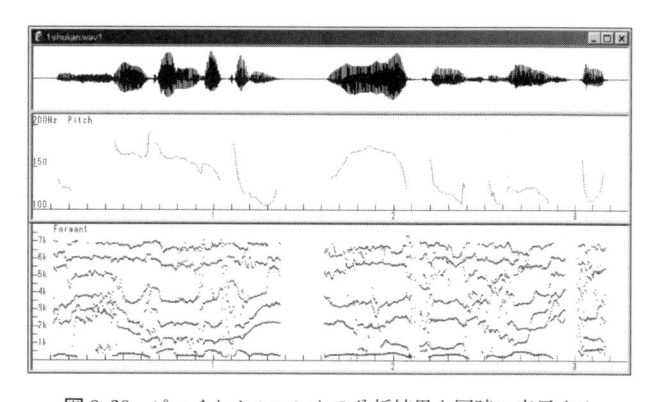

図 8.38　ピッチとホルマントの分析結果を同時に表示する

〔3〕 **広帯域と狭帯域のソナグラムを同時表示する**

一つの波形データに対して，複数のウィンドウを開いて表示する上述の方法では，ソナグラム分析条件として広帯域あるいは狭帯域を選択すると，それが両方のウィンドウに反映され，片方で広帯域ソナグラムを，他方で狭帯域ソナグラムを表示することができない．

そこで，別の音声データにいったんコピーして新しいファイルに貼り付けることにより，この問題を解決すればよい．まず，MNI 発声の 1 shukan.wav という音声データに広帯域

のソナグラム分析を施しておく。そのデータを［編集｜窓内波形選択］して全体を選択した後，［編集｜コピー］して取り込み，新しい波形ウィンドウに［編集｜貼り付け］る（【波形1】などの名前が付けられる）。【波形1】に対して，分析条件を［狭帯域］に設定し，ソナグラム分析すればよい。図8.39は，このようにして上記音声データに対して，広帯域（上）と狭帯域（下）のソナグラムを求めた結果である。

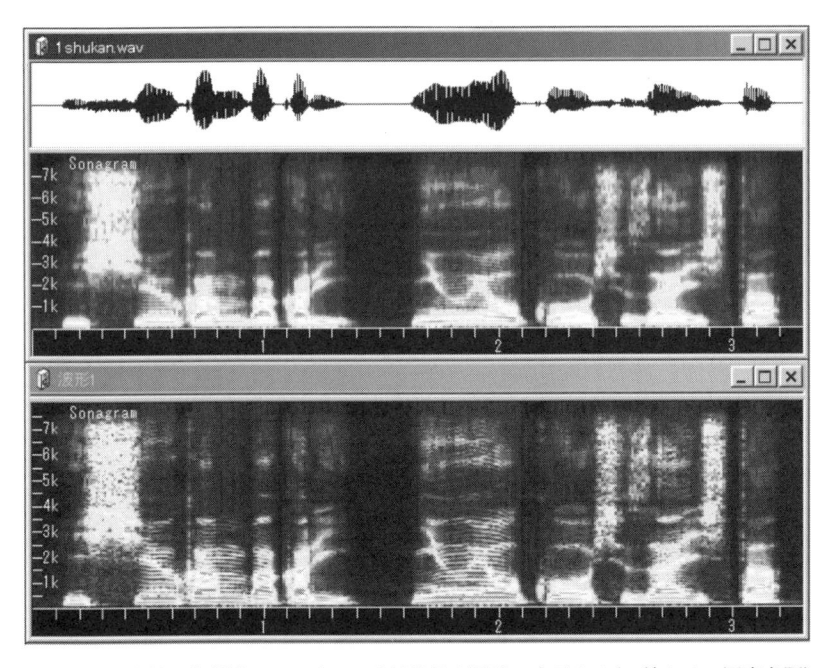

図8.39　広帯域と狭帯域のソナグラム分析結果を同時に表示する（口絵カラー写真参照）

〔4〕　カラーとモノクロのソナグラムを同時表示する

音声工房では，［表示｜ソナグラムカラー表示］を指示する（レ印を付ける）と，波形表示領域内のすべての波形ウィンドウに対して，ソナグラムがカラー表示に切り替えられる。［ソナグラムカラー表示］のチェック印を外すと，すべての波形ウィンドウのソナグラムがモノクロ表示に切り替わる。このように，カラー表示とモノクロ表示を併用することはできなくなっている。

同一データに対して，カラーとモノクロのソナグラムを同時に表示するには，複数の音声工房を起動すれば解決できる（音声工房を複数起動できることは，ご存じだろうか）。すなわち，第1の音声工房でカラー表示を指示し，第2の音声工房でモノクロ表示させればよい。図8.40は，MNI発声の1shukan.wavを，二つの音声工房で，片やカラー表示，片やモノクロ表示し，結果を縦に並べたものである。

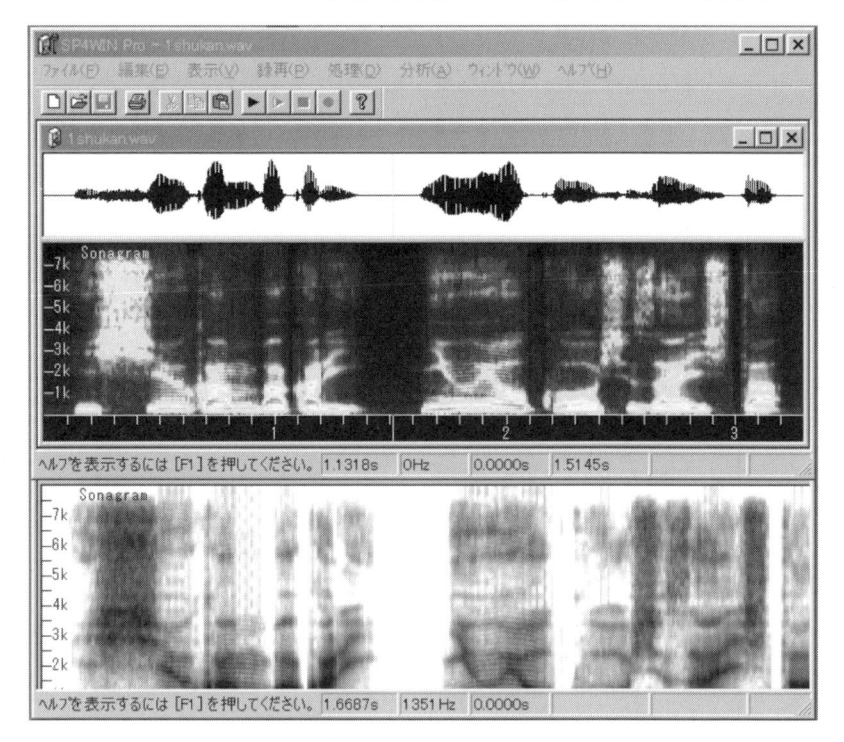

図8.40 カラーとモノクロのソナグラム分析結果を同時に表示する(口絵カラー写真参照)

8.3 分析結果を数値データとして利用する

　これまで，音声分析した結果は図の形でディスプレイに表示され，その図（または，それをプリンタに打ち出した結果）を観測して音声現象について理解を深めていた。しかし，ときには，ピッチ周波数やホルマント周波数などを数値データとして取得したい場合がある。
　音声工房では，（すべての分析法に対してできるわけではないが）音声分析した結果を数値データとして，テキストファイルに格納する機能（ファイル保存）がある。ここでは，ファイル保存する方法を説明したのち，分析結果の数値データを利用する方法について説明する。

8.3.1　分析結果をファイル保存するには

　音声工房においては，ピッチ分析の結果およびホルマント分析の結果を，テキストファイルに数値データとして格納することができる。このテキストファイルは，Windows付属のソフトウェアである「メモ帳」や「ワードパッド」などで，その内容を見ることができる。
　分析対象の音声波形を表示し，［分析｜設定｜ピッチ］を指定し，ピッチ分析条件を設定しておく。ついで，［分析｜ファイル保存｜ピッチ］を指定すると，【分析結果を保存】のダ

イアログボックスが開かれる。そこで，ファイル名と格納場所を指定して，[保存]ボタンを押すと，ピッチ分析が実行され，分析結果が指定のファイル名で格納される。

MNI発声の音声データ1shukan.wavを標準のピッチ分析条件で分析した場合の数値分析結果を，「ワードパッド」で読み出した様子を**図8.41**に示す。この数値分析結果の見方を説明しよう。

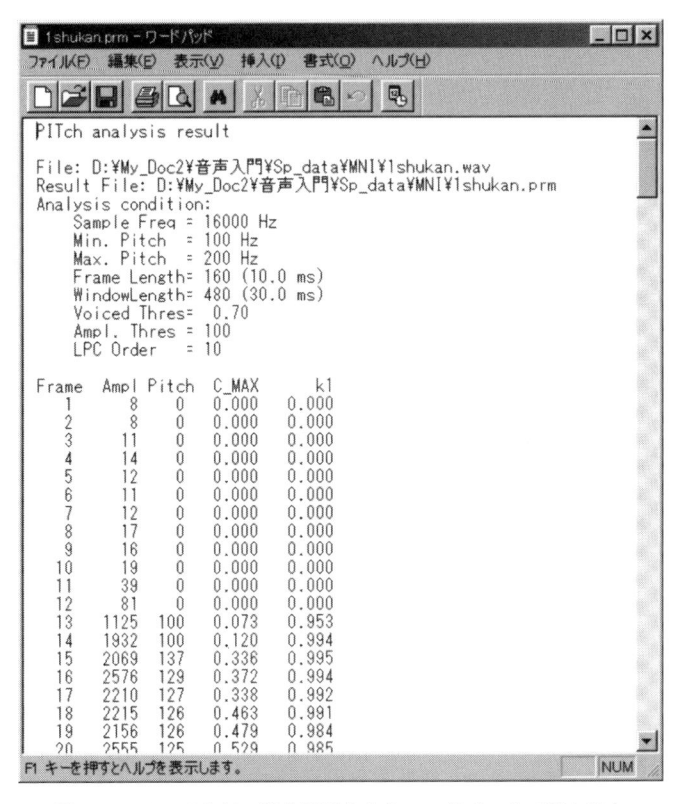

```
PITch analysis result

File: D:¥My_Doc2¥音声入門¥Sp_data¥MNI¥1shukan.wav
Result File: D:¥My_Doc2¥音声入門¥Sp_data¥MNI¥1shukan.prm
Analysis condition:
    Sample Freq  = 16000 Hz
    Min. Pitch   = 100 Hz
    Max. Pitch   = 200 Hz
    Frame Length= 160 (10.0 ms)
    WindowLength= 480 (30.0 ms)
    Voiced Thres=  0.70
    Ampl. Thres  = 100
    LPC Order    = 10

Frame  Ampl  Pitch   C_MAX     k1
  1       8      0   0.000   0.000
  2       8      0   0.000   0.000
  3      11      0   0.000   0.000
  4      14      0   0.000   0.000
  5      12      0   0.000   0.000
  6      11      0   0.000   0.000
  7      12      0   0.000   0.000
  8      17      0   0.000   0.000
  9      16      0   0.000   0.000
 10      19      0   0.000   0.000
 11      39      0   0.000   0.000
 12      81      0   0.000   0.000
 13    1125    100   0.073   0.953
 14    1932    100   0.120   0.994
 15    2069    137   0.336   0.995
 16    2576    129   0.372   0.994
 17    2210    127   0.338   0.992
 18    2215    126   0.463   0.991
 19    2156    126   0.479   0.984
 20    2555    125   0.529   0.985
```

図8.41 ピッチ分析の数値結果出力をワードパッドで読み出す

第1行は，このファイルの中身がピッチ分析の結果であることを示している。空行の後，第3行には音声データのパスおよびファイル名が，第4行には数値分析結果のパスおよびファイル名が記されている。第5行には，分析条件が6行目以降であることを示している。第6〜13行に，分析条件の各パラメータとその設定値が記されている。各行の意味はつぎのとおりである。

  Sample Freq： 音声データの標本化周波数
  Min. Pitch：   指定した最低ピッチ周波数
  Max. Pitch：   指定した最高ピッチ周波数
  Frame Length： フレーム周期（分析繰返し周期）を標本値個数で示したもので，（　）内には時間単位で示している。

Window Length： 分析窓の長さを標本値個数で示したもので，（ ）内には，時間単位で示している。

Voiced Thres： 有声音しきい値であり，分析結果がこの値以上なら有声音とみなす。

Ampl.Thres： 振幅しきい値であり，計算結果がこの値以上なら音声区間とみなす。

LPC Order： 線形予測分析の次数である。

これらは，［分析｜設定｜ピッチ｜分析条件］を指示して現れる【分析条件の設定】画面で設定した値が，確認のために記録されているものである。

その下，空行をおいて，分析結果の見出しが書かれている。見出しの各項目は，つぎの意味をもつ。

Frame： 1 から順にふられたフレーム（分析区間）の番号である。
フレーム番号にフレーム周期の 10 ms を乗じると時間位置になる。

Ampl： 振幅の RMS（平均自乗根）値。最大は 32 767

Pitch： ピッチ周波数。ただし，無声区間には 0 と表示している。

C_MAX： 共分散の最大値（最大は 1.0）であり，大きいほど有声音らしい。

k 1： 1 次の偏相関関数の値（最大は 1.0）であり，大きいほど有声音らしい。

なお，有声音か無声音かの判定は，そのフレームの分析結果の C_MAX と k 1 から

$$\text{有声性} = \text{C\_MAX} + \frac{\text{k1}}{2}$$

を計算し，その値が Voiced Thres（有声音しきい値）より大きければ有声，小さければ無声という方法によっている。

この見出しの下に，各フレームの分析結果が 1 行に示されている。最初の 12 フレームは，計算結果の Ampl（RMS 振幅）が，設定された Ampl.Thres（振幅しきい値）100 より小さいから，無音区間とみなされ，Pitch，C_MAX，k 1 は 0 と書かれている（計算結果が 0 というわけではなく，計算は省略され，0 と記されている）。

フレーム 13 と 14 は，Ampl が 100 より大きいので，音声区間とみなされ，分析処理が実行されており，分析結果の C_MAX と k 1 が記されている。しかし，C_MAX と k 1 から求めた有声性の値が，有声しきい値 0.7 より小さいため，無声区間とみなされている。したがって，ピッチ抽出の分析処理は省略され，Pitch の欄は 0 と書かれている。

フレーム 15 から 22 の区間（80 ms の長さ）は，振幅もやや大きく，有声性の値がしきい値より大きいので，有声区間とみなされ，ピッチ分析した結果が Pitch の欄に記されている。フレーム 23 からは，再び長い無声の区間になっている。

128   8. 音声を詳しく調べる — 音声分析 —

　上記の結果を発声内容と対比させると，より理解しやすい。この音声データは，「1週間ばかりニューヨークを取材した」と発声したものである。以下の説明を，音声波形（指定区間表示し，振幅も拡大した**図**8.42 など）と見比べながら読むと，理解しやすいであろう。

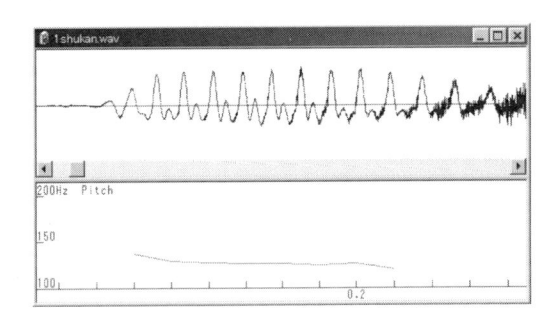

図 8.42　音声波形を振幅拡大して区間表示した例

　フレーム12までは，発声前の無音区間である。フレーム13と14（0.13 s のあたり）は，「い」の立上がりの部分であり，まだ完全な周期性が認められるまでには達していないので無声とみなされている。フレーム15（0.14 s 付近）から「い」の音の周期性が明確になり，有声区間と判定されている。フレーム23（0.22 s 付近）では，波形観察からわかるように，波形の周期性は認められるが，それに高周波の雑音が重畳しており，有声らしさが減少している。この部分は，/sh/ の摩擦の音が始まっている箇所である。

　つぎに，ホルマントの数値分析結果を取得する方法について説明する。分析対象の音声波形を表示し，[分析｜設定｜ホルマント] を指定し，ホルマント分析条件を設定しておく。ついで，[分析｜ファイル保存｜ホルマント] を指定すると，【分析結果を保存】のダイアログボックスが開かれる。そこで，ファイル名と格納場所を指定して，[保存] ボタンを押すと，ホルマント分析が実行され，分析結果が指定のファイル名で格納される。

　MNI発声の音声データ1shukan.wavを標準のホルマント分析条件で分析した場合の数値分析結果を，「ワードパッド」で読み出した様子を**図**8.43に示す。この数値分析結果の見方を説明しよう。

　第1行は，このファイルの中身がホルマント分析の結果であることを示している。空行の後，第3行には音声データのパスおよびファイル名が，第4行には数値分析結果のパスおよびファイル名が記されている。第5行には，分析条件が6行目以降であることを示している。第6〜13行に，分析条件の各パラメータとその設定値が記されている。各行の意味はつぎのとおりである。

　　　Sample Freq：　　音声データの標本化周波数
　　　Frame Length：　フレーム周期（分析繰返し周期）を標本値個数で示したもので，
　　　　　　　　　　（　）内には，時間単位で示している。

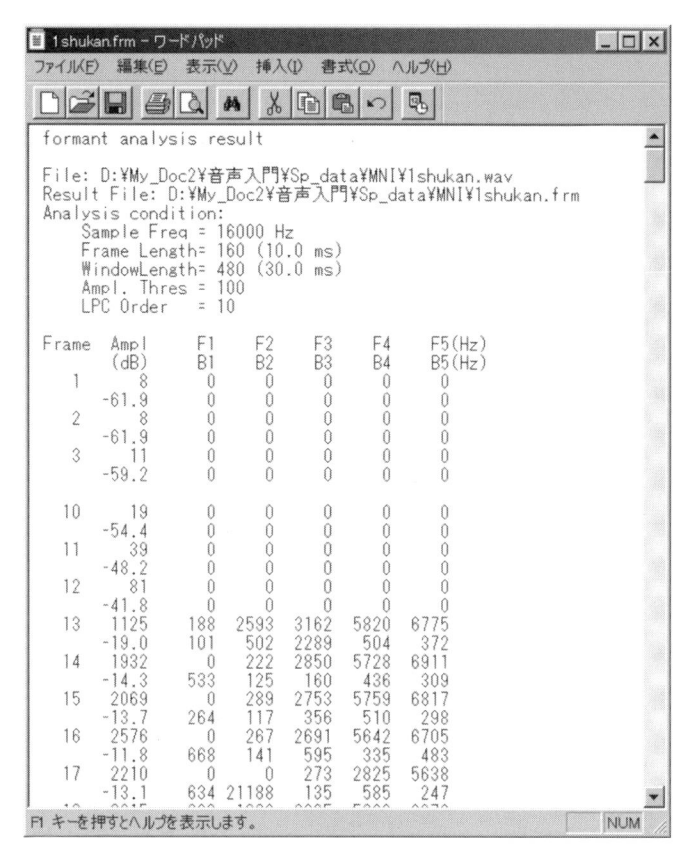

8.3 分析結果を数値データとして利用する

```
formant analysis result

File: D:¥My_Doc2¥音声入門¥Sp_data¥MNI¥1shukan.wav
Result File: D:¥My_Doc2¥音声入門¥Sp_data¥MNI¥1shukan.frm
Analysis condition:
    Sample Freq  = 16000 Hz
    Frame Length = 160 (10.0 ms)
    WindowLength = 480 (30.0 ms)
    Ampl. Thres  = 100
    LPC Order    = 10

Frame  Ampl    F1    F2    F3    F4   F5(Hz)
       (dB)    B1    B2    B3    B4   B5(Hz)
   1      8     0     0     0     0     0
      -61.9    0     0     0     0     0
   2      8     0     0     0     0     0
      -61.9    0     0     0     0     0
   3     11     0     0     0     0     0
      -59.2    0     0     0     0     0

  10     19     0     0     0     0     0
      -54.4    0     0     0     0     0
  11     39     0     0     0     0     0
      -48.2    0     0     0     0     0
  12     81     0     0     0     0     0
      -41.8    0     0     0     0     0
  13   1125   188  2593  3162  5820  6775
      -19.0   101   502  2289   504   372
  14   1932     0   222  2850  5728  6911
      -14.3   533   125   160   436   309
  15   2069     0   289  2753  5759  6817
      -13.7   264   117   356   510   298
  16   2576     0   267  2691  5642  6705
      -11.8   668   141   595   335   483
  17   2210     0     0   273  2825  5638
      -13.1   634 21188   135   585   247
```

図 8.43 ホルマント分析の数値結果出力をワードパッドで読み出す

Window Length： 分析窓の長さを標本値個数で示したもので，( )内には，時間単位で示している。

Ampl.Thres： 振幅しきい値であり，計算結果がこの値以上なら音声区間とみなす。

LPC Order： 線形予測分析の次数である。

これらは，[分析｜設定｜ホルマント｜分析条件] を指示して現れる【ホルマント分析条件】画面で設定した値が，確認のために記録されているものである。

その下，空行をおいて，分析結果の見出しが2行にわたって書かれている。見出しの各項目は，つぎの意味をもつ。

Frame： 1から順にふられたフレーム（分析区間）の番号である。
フレーム番号にフレーム周期の10 msを乗じると時間位置になる。

Ampl： 振幅のRMS（平均自乗根）値。最大は，32 767

(dB)： RMS振幅を 0 dB = 10 000 として，dB表示したものである。

F 1，B 1： 第1ホルマントの周波数と帯域幅（Hz単位）

F2，B2： 第2ホルマントの周波数と帯域幅（Hz単位）
……
（以下，LPC Orderで決まる個数のホルマントが並んでいる）

この見出しの下に，各フレームの分析結果が2行にわたって示されている。最初の12フレームまでは，計算結果のAmpl（RMS振幅）が，設定されたAmpl.Thres（振幅しきい値）100より小さいから，無音区間とみなされ，F1，B1～F5，B5はすべて0と書かれている（計算結果が0というわけではなく，計算は省略され，0と記されている）。なお，フレーム4～9は，表示されたものを「ワードパッド」で削除している。

フレーム13では，Amplが100より大きいので，音声区間とみなされ，ホルマント分析処理が実行されており，F1が188 Hz，B1が101 Hz，F2が2 593 Hz，B2が502 Hz，F3が3 162 Hz，B3が2 289 Hz，F4が5 820 Hz，B4が504 Hz，F5が6 775 Hz，B5が372 Hzと表示されている。いまの場合，分析次数（LPC Order）が10に設定されているから，その1/2である5個のホルマントが求まっている。

ただし，ここに記載されたものが，すべて正しいホルマントであるとはいえない。例えば，フレーム13のF3は帯域幅が2 289 Hzと広いので，通常はホルマントとみなされない。また，フレーム14～17のF1（の位置に書かれたもの）は0 Hzになっている。これは，スペクトルが右下がりの勾配（－6 dB/oct）をもっていることを表しており，当然ホルマントではない。また，フレーム58では，F5（の位置に書かれたもの）は8 000 Hzになっている。これは，スペクトルが右上がりの勾配（6 dB/oct）をもっていることを表しており，やはりホルマントではない。

このように，数値分析結果はホルマントというより，厳密には「伝達関数の極」というものである。正しいホルマントを抽出するには，0および（標本化周波数÷2）にある極を除外するとともに，ホルマント周波数の存在域と帯域幅のしきい値を設定し，あまりに幅広い帯域幅の極はホルマントから除外するなどの工夫が必要である。

8.3.2　数値データの利用

上述のように，ピッチ分析およびホルマント分析の数値分析結果では，ピッチおよびホルマントの最終結果だけではなく，分析の際に得られる付加的な情報も合わせて記録されている。したがって，ユーザ自身が，数値分析結果を読み込み，それを解釈・加工するプログラムを作成することにより，独自のピッチ表示系，あるいはホルマント表示系をつくることができる。そのいくつかの例を示そう。

正しいピッチ変化曲線（ピッチパタンと呼ばれる）の抽出では，ピッチ周波数の前後フレームとの連続性を考慮した決定法が考えられている。すなわち，隣接するフレームとの

ピッチ周波数変化割合の上限を決め，それより大きく変化するピッチ周波数候補は除外するというものである。なお，この際，真のピッチ周波数の２倍あるいは半分の位置に候補周波数が存在する場合があるので，これらを補正することもできる。

　正しいホルマント周波数の抽出のためには，前述のように，スペクトル傾斜と帯域幅の広い極の除去は当然であるが，それに付け加えて，時間連続性を考慮する場合もある。ただし，前記した分析例からもわかるように，ホルマントの変化はかなり激しいので，それを許容する変化割合の上限を設定する必要がある。また，二つのホルマントが交差するように変化する場合があるので，それを考慮した抽出論理を設定しなければならない。

　音声発声に伴うホルマント周波数の動きを観察する方法として，横軸にＦ１周波数，縦軸にＦ２周波数をとった平面（Ｆ１-Ｆ２平面という）上にホルマントの時間変化をプロットする方法がある。数値分析結果から求めたホルマントをＦ１-Ｆ２平面上にプロットすることも意義あることである。

9. いろいろな声や音を分析する

この章では，通常の会話や朗読と異なる音声を取り上げ，それを実際に分析し解釈した結果について説明する．ここで取り上げたのは，唱歌の歌声，ホーミーの声，ひそひそ声，腹話術の声，である．ここで取り上げた題材は，ほかの書籍や研究論文で取り上げられていないものもあり，読者がある種の音を新たに研究・調査する際のやり方を知るうえで参考になるであろう．

9.1 歌声を分析する

まず，人間が生成する声の一種である歌声を分析しよう．歌声は，会話音声や朗読音声と同じように人間が自然に生成したものではあるが，それらとはかなり異なる特性を示す．ここでは，市販の無伴奏のソプラノ独唱CD（ビクター-VICC-169）から歌声データをパソコンに取り込んだものを利用する．

9.1.1 波形および波形包絡

図9.1は，「夏は来ぬ」という唱歌（長さは約50 s）の波形を示したものである．

図9.1 唱歌「夏は来ぬ」を独唱した波形（長さは約50 s）

この図には，歌詞2番までの歌声波形が示されており，図の中央付近が歌詞1番と2番の境である．それぞれの番は，8個の小節に分かれている．図からわかるように，全体波形には，2×4＝8個の連続発声した波形塊（2小節/波形塊）があり，かなり似通った波形包絡を示しているのがある．

歌詞1番と2番の対応する小節は，波形包絡も類似している（1番目と5番目の波形塊，4番目と8番目の波形塊，…）．さらに，つぎのような箇所でも類似している．この唱歌も

9.1 歌声を分析する　133

そうであるが，日本の唱歌では，同じ旋律を何度か繰り返す構成をしているものがある。そのようなわけで，第1小節と第2小節の波形包絡も類似している。**図9.2**は，第1〜2小節と第3〜4小節の波形を，上下に並べて表示したものである。

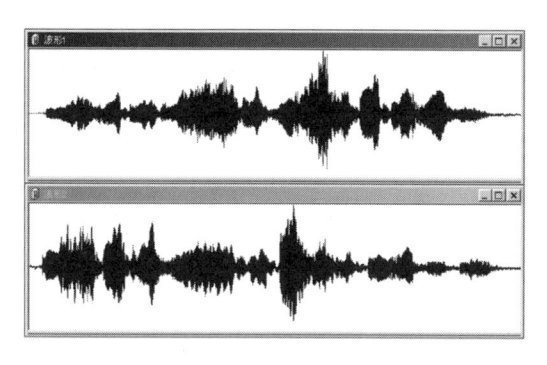

図9.2　唱歌「夏は来ぬ」の第1〜2小節（上）と第3〜4小節（下）の波形包絡を比較する

両者の波形包絡が類似していることがより明確に理解できよう。

歌声の波形をより詳細に観測しよう。**図9.3**の波形は，最初の2小節「卯の花のにおう垣根に」の部分であり，各音符ごとの境界を縦線で区切っている（詳細波形および分析結果を視察して）。

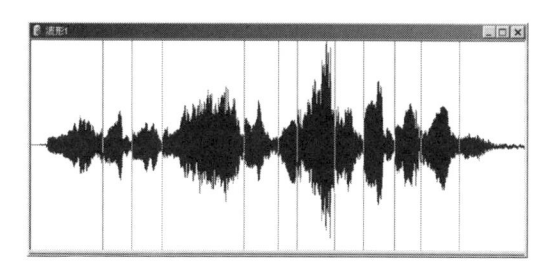

図9.3　唱歌「夏は来ぬ」の第1〜2小節に対して各音符ごとの音の境界を記した

各音符の波形包絡も複雑（朗読音声に比べて）に変化していることがわかる。最初の「う」の部分をさらに拡大すると，**図9.4**の波形になる。

図9.4　唱歌「夏は来ぬ」の出だしの「う」の音の波形

長母音として約 0.65 s の長さで発声しており，その間，小さな変動を伴いながら，振幅が徐々に大きくなっていることが観察される。このような小さな振幅変動が，歌声波形の一つの特徴である。

9.1.2 スペクトル

歌声のスペクトルとして，まず長時間平均したパワースペクトルを観察しよう。上記の歌声データを表示・選択した状態で，［編集｜窓内波形選択］を指示して全区間（約 50 s）を測定対象とし，［分析｜平均スペクトル］を指示する。そうすると（2〜3 min 程度の演算の後）図 9.5 に示す分析結果が表示される。

比較のために，女声（メゾソプラノ）の朗読音声（約 215 s）に対する平均スペクトルを図 9.6 に示す。

図 9.5 歌声音声の長時間平均スペクトル。長さは約 50 s

図 9.6 朗読音声の長時間平均スペクトル。長さは約 215 s

朗読音声のスペクトルと比較しながら歌声のスペクトルを観測すると，以下のような点に気が付く。

- 朗読音声に比べて，歌声のスペクトルは 1〜4 kHz の帯域の成分が大きい。それ以上の高周波帯域は，朗読音声より小さい（録音系が異なるので，正確な比較ではない）。
- 歌声のスペクトルは，低周波域にいくつかの鋭いピークを呈している。これは，基本波およびその高調波成分と考えられる。
- 2.5〜4 kHz 帯域にかなり大きな成分があり，基本波の高調波成分らしき数本のピークを示している。
- 4 kHz 以上は急に勢力が減少し，7.5 kHz，および 10 kHz 付近に，やや大きい勢力をもつ。

つぎに，ある時点の短区間スペクトルを観測しよう。図 9.3 に示した「卯の花の」という歌詞中の「な」の箇所におけるスペクトルを図 9.7 に示す。

このスペクトルを観察すると，以下のことに気が付く。

- 4 kHz 付近まで，基本波およびその高調波成分のピークが顕著である。
- 基本波の周波数（基本周波数）を読み取ると，388 Hz となる。

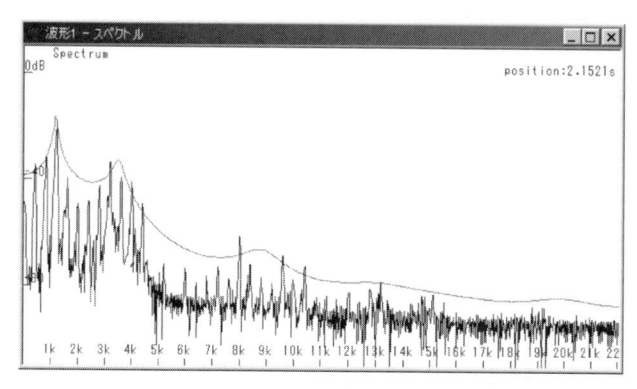

図 9.7 歌声中の母音部のスペクトル

- 第3次高調波成分が 1 185 Hz に現れており，これが最も勢力が強い成分となっている．
- 第1ホルマントは，この第3次高調波にほぼ一致した 1 123 Hz に存在する．
- 3.0 ～ 4.5 kHz の高調波成分も大きな勢力を示しており，3 500 Hz 付近に帯域幅の広いホルマントを形成している．このホルマントは，歌のホルマント（singing formant）と呼ばれているもので，第2～第4ホルマントがこの周波数域に集まって帯域幅の広いホルマントを形成しているものと考えられる．
- そのほか，8～10 kHz 付近などに，勢力は低いながら，エネルギーの集中がある．

上述の singing formant は，歌声らしさ，あるいは歌の上手さに寄与しているといわれている．

9.1.3 基本周波数

つぎに，歌声の基本周波数を分析してみよう．**図 9.8** は，唱歌「夏は来ぬ」の第1～2小節を基本周波数分析した結果である．各音符の境界を縦線で付記している．

ここで，分析条件は**図 9.9** のように設定した．歌声の基本周波数は，朗読音声に比較して，その変動範囲が広く，人によっては2オクターブ以上にもわたるといわれている．また，のちほど見るように，基本周波数の時間的な変化も速い．これらが，歌声に対する正確な基本周波数抽出を難しくしている．

図 9.10 に，上記唱歌の第1小節の楽譜を示す．また，平均律による音符とその周波数の対応表を**表 9.1** に示す．

図 9.8（上）の歌声に対しては，予備分析の結果から，図 9.9 のように，最低周波数 300 Hz，最高周波数 600 Hz に設定した．この小節では，基本周波数の変化が1オクターブ以内であるので，抽出誤りはないが，1オクターブを超える歌声を分析する際には，抽出誤りが出てくる．歌声の基本周波数は，楽譜に応じて時間的に激しく変化していることがわかる．また，ほとんどの区間が有声と判定され，基本周波数分析が実行されている．これは，

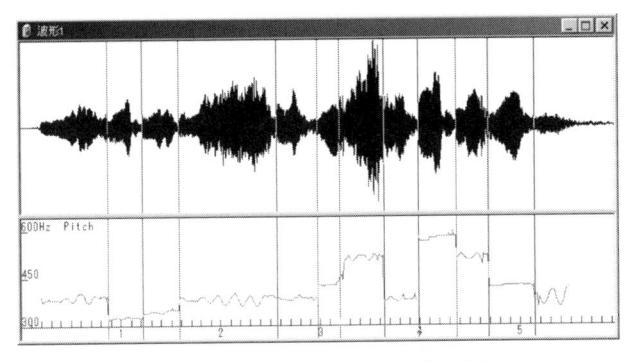

図 9.8 唱歌「夏は来ぬ」の第1～2小節の歌声に対するピッチ分析の結果

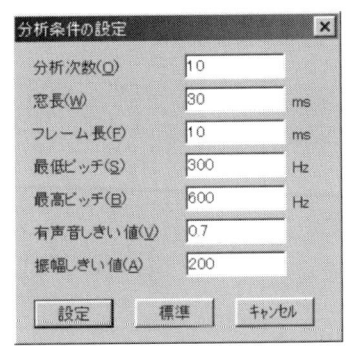

図 9.9 唱歌「夏は来ぬ」の第1～2小節の歌声に対するピッチ分析における分析条件

表 9.1 平均率による音符とその周波数の対応表

音　符	周波数比	周波数〔Hz〕
C	1.000 00	261.63
C#	1.059 46	277.18
D	1.124 62	293.66
D#	1.189 21	311.13
E	1.259 92	329.63
F	1.334 84	349.23
F#	1.414 21	370.00
G	1.498 31	392.00
G#	1.587 40	415.30
A	1.681 79	440.00
A#	1.781 80	466.16
B	1.887 75	493.88
C'	2.000 00	523.25

図 9.10 唱歌「夏は来ぬ」の第1～2小節の楽譜

無声音の前に発声された有声音の低周波成分が音楽ホール（あるいは，録音スタジオ）の残響音として無声音に重畳し，あたかも基本波成分を有しているようになっているためと考えられる。

それでは，基本周波数の分析結果を，唱歌の楽譜と対比させながら，詳細に観察してみよう。最初の 0.20～0.86 s までの間が，G（ソ）の高さで「う」の発声である。楽譜からは，392 Hz になる（A の音が，440 Hz として。以下，同じ）が，実際の発声は一定ではなく，372～405 Hz の間で変化している。この部分は長音で発声されているので，図のように，時間的に基本周波数を振らせる発声になっている。このように，基本周波数が波のように大きく変化するのが歌声の特徴である。続いて，0.86～1.21 s までが，E（ミ）の高さで「の」の発声である。E の音の周波数は 330 Hz であり，この発声では，ほぼ同じ高さ（320～329 Hz）の基本周波数で歌っている。前と同様に，基本周波数が時間とともに増加傾向にある。続いて，1.21～1.58 s までが，F（ファ）の高さで「は」の発声である。F の

音の周波数は 349 Hz であるが，この区間では，339 Hz から 356 Hz まで変化しており，この変化幅はほぼ半音（周波数比で 1.05）に相当する．この区間では，基本周波数が時間とともに増加する傾向にある．

続く「なー」の長音の発声でも，歌声に特徴が現れている．楽譜ではこの区間に G（ソ）の高さ（392 Hz）が指定されているが，実際の発声における基本周波数は，時間的に山谷を有する周期的変化を呈している．最低基本周波数は 360 Hz，最高基本周波数は 400 Hz であり，変化幅はほぼ全音に相当する（周波数比で 1.12）．この区間の音声波形は，微細な振幅変調とともに，ゆっくり（周期 170 ms）した周波数変調を受けているということができる．このような現象は，他の多くの区間でも顕著に認められる．この現象はビブラートと呼ばれており，発声時に声帯の筋肉を微妙に制御していることにより生じており，歌声のスペクトルを時間的に微妙に変化させる効果がある．

さらに，観測を続けよう．2.97〜3.18 s の区間は，音符は A（ラ）の高さ 440 Hz に指定されているが，やや低めの 423〜441 Hz で発声している．そして，つぎの音に徐々に変化し，3.24〜3.64 s の区間では，高さ 523 Hz の音符 C（ド）に対し，500〜525 Hz で発声している．つぎに急落し，3.64〜3.99 s の区間では，高さ 392 Hz の音符 G（ソ）に対し，373〜396 Hz で発声している．ついで急上昇し，3.99〜4.35 s の区間で，高さ 544 Hz の音符 B（レ）に対し，566〜597 Hz と半音近く高めに発声している．その後は，4.37〜4.68 s の区間で，高さ 523 Hz の音符 C（ド）に対し 490〜525 Hz で発声し，続いて 4.69〜5.13 s の区間で，高さ 440 Hz の音符 A（ラ）に対し，417〜428 Hz とやや低めに一定の高さで発声している．ついでこの小節最後の高さ 392 Hz の音符 G（ソ）を，355〜422 Hz と 1 音半に達する周波数変化で発声している．

ここでの分析結果からわかるように，歌声の基本周波数は，音符に従って階段状に変化するのではなく，1 音のなかで上昇気味に変化していたり，あるいは周期的に変化するなど，複雑な時間的変化を示していることが理解できたであろう．

9.1.4 ホルマント

歌声に現れる singing formant と呼ばれる中周波数域へのエネルギー集中を，ホルマント分析により観測してみよう．**図 9.11** は前述の歌声データ（標本化周波数 44.1 kHz）における最初の 2 小節をホルマント分析した結果である．

前述のように，歌声のスペクトルには高周波数域にもエネルギー集中があるので，4 kHz 付近に一定して存在する singing formant は単一のホルマントのように見える．そこで，この音声データを標本化周波数変換し，標本化周波数 11.025 kHz の信号を作成し，これに対してホルマント分析を実行する．その結果を**図 9.12** に示す．この図には，縦線で示

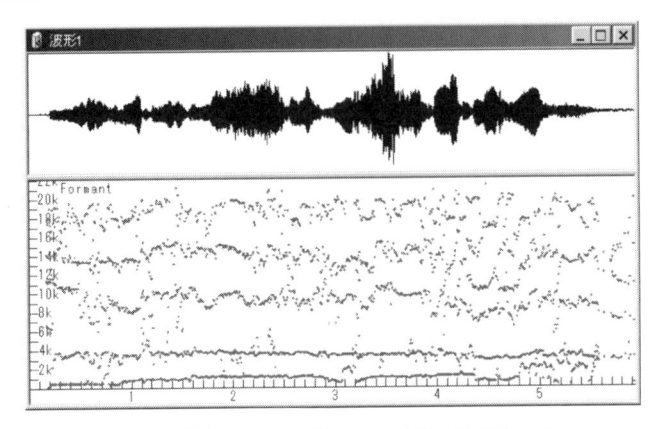

図 9.11 唱歌「夏は来ぬ」の第1～2小節の歌声をホルマント分析した結果

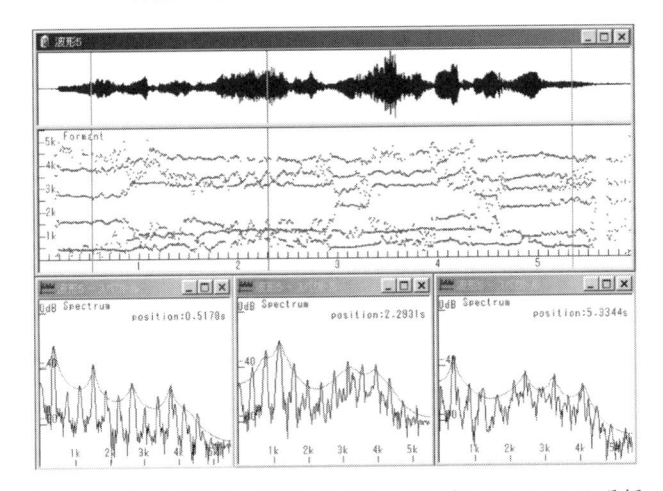

図 9.12 標本化周波数を下げた歌声データに対してホルマント分析した結果(中)とマーカの3時点におけるスペクトル分析結果(下)

した3か所の時点におけるスペクトルも併記した。

図より，2.5～4 kHz の周波数域に2～3個のホルマントが集中していることがわかる。また，ビブラートを施している区間（0.52～0.79 s，1.90～2.45 s）で，ホルマントが周期的に変化していることが認められる。

9.1.5 マライア・キャリーの声

声域の広い歌手としてマライア・キャリーが有名である。彼女の歌声を分析し，どこまで高い音を発声しているのが調べてみよう。ただし，歌声データとして入手した CD（CK 47980）には，伴奏も入っているので，分析はやや不正確になるのは免れない。

図 9.13 は，And You Don't Remember という曲の一部の波形と，ソナグラム分析した結果である（観測しやすいように，標本化周波数は 16 kHz に変換している）。

9.1 歌声を分析する

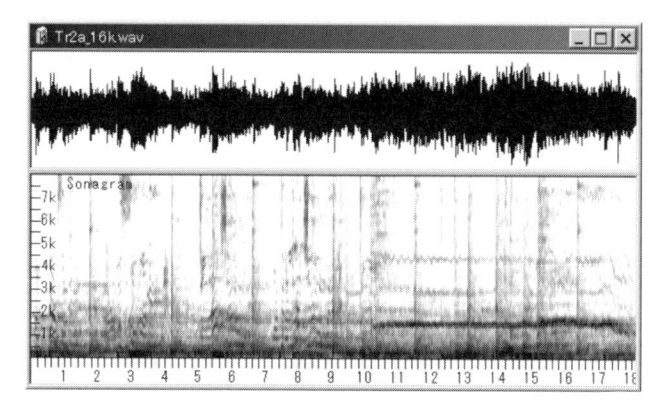

図 9.13 マライア・キャリーの歌声波形（上）とそのソナグラム分析結果

約 0.8 s 間隔で現れている縦線の縞は，伴奏のリズムマシンの音である。それ以外は，(10 s 付近までは) 2 kHz 以下の周波数の成分が主であるが，10 s 過ぎから，1.5 kHz，(その高調波である) 3 kHz，4.5 kHz の成分が安定して現れ，18 s のところまで続いている。波形を再生すると，この成分がマライア・キャリーの高音発声時の歌声であることがわかる。4.5 kHz 付近に存在する第 3 倍音の周波数が鋸状に変化していることから，1.5 kHz 付近の基本周波数が時間的に変動していることがわかる。

図 9.14 に，通常発声時（8.448 s の箇所，左側）と高音発声時（17.235 s の箇所，右側）のスペクトルを示す（伴奏の音も混じっている）。

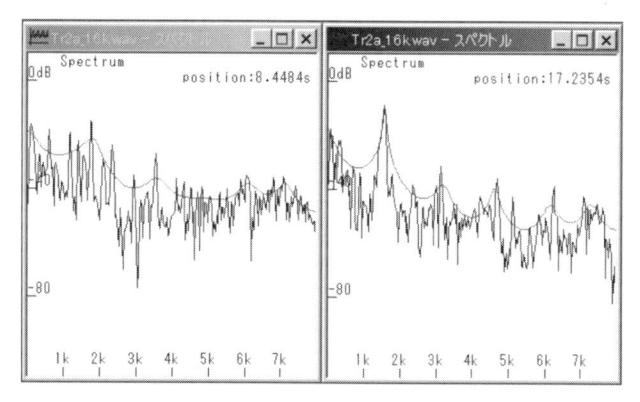

図 9.14 マライア・キャリーの歌声のスペクトル。左側は通常発声，右側が高音発声時のものである

通常発声時には，597 Hz に基本波があり，その第 2〜7 高調波が観測される。歌声の成分かどうか確定できないが，6〜7 kHz 付近にもかなりの勢力がある。一方，高音発声時には，なんと 1 560 Hz に基本波があり，その第 2〜4 高調波が観測される。

9.2 ホーミーの声

ホーミーというのは，モンゴルの伝統的な唱法であり，「一人で二つの声を出す特殊な歌い方」と特徴付けられている。ここでは，市販の CD（キング KICC 5133）からホーミーの歌声（伴奏なし）をパソコンに取り込み，それを音声工房で分析した（帯域 22 kHz）。

図 9.15 に，ホーミー発声（長さは約 12 s）の波形と基本周波数分析結果を示す。

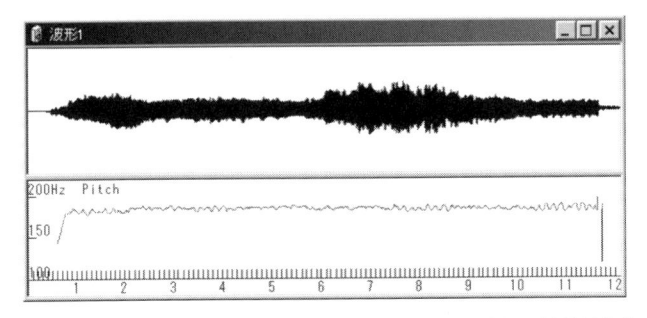

図 9.15 ホーミー発声の音声波形(上)および基本周波数分析結果(下)

この男声歌手は，この長さのホーミーをひと息で発声している。図からわかるように，基本周波数はきわめて安定しており，ビブラート状の変動はあるものの，179～189 Hz の間で持続している。12 s もの間，これだけ安定して発声しているのはめずらしい現象といえる。しかし，後述のように，基本周波数成分より高調波成分のほうが大きいので，この発声を聞いたかぎりでは，基本周波数が一定していることには気が付かない。

図 9.16 には，このホーミーの歌声音声の平均スペクトルを求めた結果を示す。

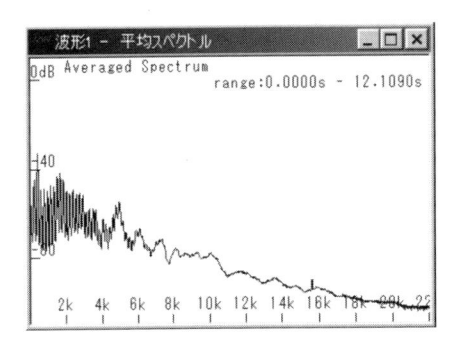

図 9.16 ホーミーの歌声音声の平均スペクトル

この図を観測すると以下のことがわかる。

① 3.5 kHz 付近までは，基本波の高調波成分が強い勢力を有している。
② （リニアの）周波数に対し，ほぼ直線的に勢力が低下するが，日本人の歌声のスペクトル（図 9.5）に比べて，高周波成分が大きい。

③ 4 kHz 付近でやや勢力が低下するが，5 kHz 付近でやや大きい勢力をもつなど，特定の周波数域に大きな勢力を示している。

図 9.17 は，ホーミーのホルマント分析の結果を示したものである。

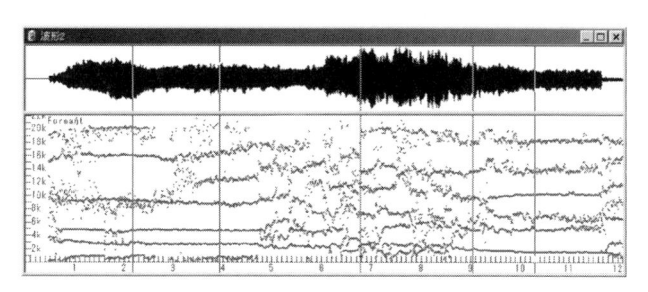

図 9.17 ホーミーの歌声に対するホルマント分析の結果

基本周波数を一定に保ちながら，その倍音構造を時間的に制御しながら発声しているのである。図には，この発声中での代表的な響きの 6 時点に縦線のマーカを入れている。このホルマント分析結果を観察すると，以下の点に気が付く。

① ホルマントは，すべて高い周波数のものを抽出している。
② かなりの部分で，ホルマントが横（時間）方向に並行して持続している。
③ 部分により，明確なホルマントの数が異なる。

つぎに，各マーカ点におけるスペクトルを図 9.18（左上→右上→左下→右下の順序）に示す。

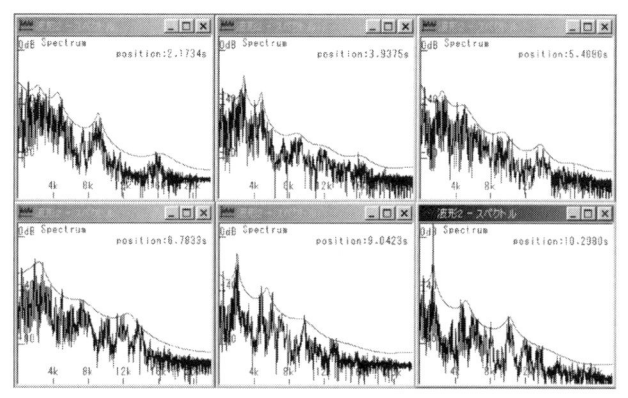

図 9.18 ホーミーの歌声における代表点でのスペクトル
（図 9.17 のマーカ点）

このスペクトルを観測して特徴的なことは，つぎのとおりである。

① 日本人の歌声のスペクトルに比べて，1〜2 kHz の中域付近の勢力がきわめて大きい。
② 9 kHz，16 kHz 付近など高域にも大きな成分を有している。
③ 基本波の勢力より 2 次高調波のほうが大きい。

④ また，1～2 kHz 付近の高調波のほうがさらに大きい箇所もある。この最も勢力の大きい箇所は時間的に変化している。これが音色の変化になっているものと推定される。

以上のことから，ホーミーの唱法では，一定周波数の基本波を継続して発しながら，ある高次倍音を強調して生成しており，強調する高次倍音を時間的に変化させたものといえる。特定次数の倍音を強調するために，特定の調音器官をコントロールして発声しているものと思われる。

ホーミーの唱法には，① 鼻のホーミー，② 口と鼻のホーミー，③ 声門のホーミー，④ 胸のホーミー，⑤ 喉のホーミー，の5種類が存在するといわれており，この種類によりスペクトルの形状も異なるものの思われる。

9.3 ひそひそ声を分析する

つぎに，特殊な発声様式であるひそひそ声（囁き声）を，通常発声と比較しながら，観測してみよう。ひそひそ声は，通常の発声と同じように調音器官（あご，舌，など）を構えながら，声門は振動させないで，肺からの気流を口腔に送り込んで発声したものである。**図9.19** は，男声発声者 MHI が，「風車が風でくるくる回る」という短文を，上はひそひそ声で発声し，下は通常に発声した波形である。

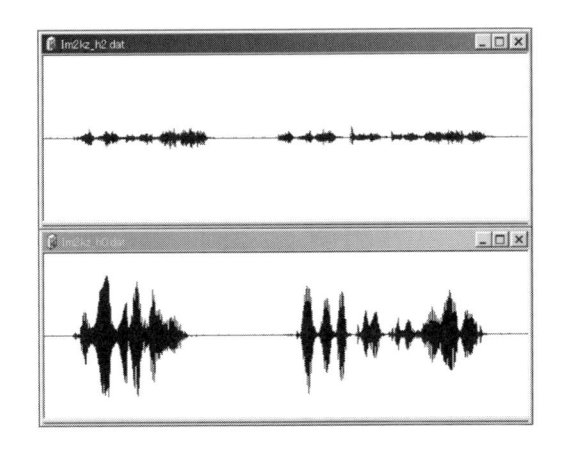

図9.19 ひそひそ声（上）と通常発声（下）の音声波形

絶対的な振幅で表示しているので，両発声法での音声パワーの違いも推定できる。音声工房にて［処理｜パワー］により，両発声データのパワーを測定すると，ひそひそ声は通常発声より約 18.6 dB 低い結果となった。

全体波形を示した図9.19 では，両発声法による波形包絡はかなり似通っている。そこで，詳細な波形を観察してみよう。**図9.20** は，「風で」の「か」の部分の波形である。

なお，ひそひそ声の波形は，［振幅倍率］を4倍して表示している。両波形を比較すると，

9.3 ひそひそ声を分析する

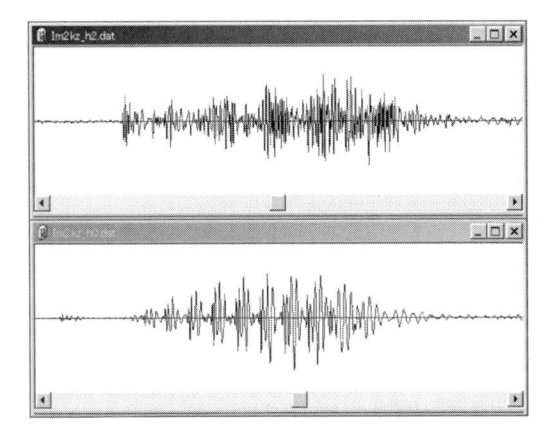

図 9.20 ひそひそ声（上）と通常発声（下）の詳細波形

　上の波形には下の波形にあるような周期性が認められず，まったく別物であることがわかる．しかし，ひそひそ声の「か」を再生すると，正しく「か」と聞こえるのである．
　まず，短文の両波形をピッチ分析する．その結果を図 9.21 に示す．
　予想どおり，上側のひそひそ声に対しては，基本周波数は認められず，下側の通常発声に対しては，有声部で基本周波数が求められている．つぎにホルマント分析を実行しよう．その結果を図 9.22 に示す．

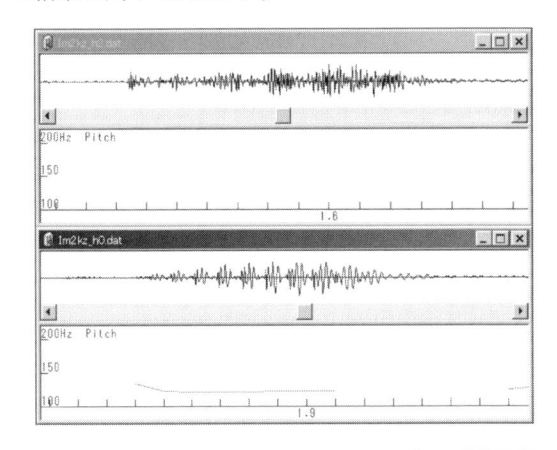

図 9.21 ひそひそ声（上）と通常発声（下）に対するピッチ分析の結果

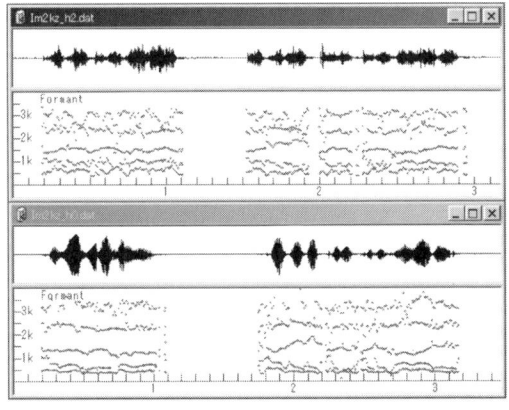

図 9.22 ひそひそ声（上）と通常発声（下）に対するホルマント分析の結果

下側の通常発声に対して第4ホルマントまで，安定に求められている。一方，上側のひそひそ発声に対して，第3ホルマントまではかなり安定して求められていることがわかる。これによりひそひそ声の了解性が保たれているのである。

さらに同図から，ひそひそ声についての特徴的なことが観測される。すなわち，ひそひそ声では，通常発声に比べて，ホルマントが高い周波数に移動すると研究報告されており，図9.22でその傾向が確認できるのである。これを明確に示すために，**図9.23**には，ひそひそ発声波形（最上段）と通常発声波形（最下段）に示した3か所の母音部分（左から，「ざ」の /a/ ，「る」の /u/ ，「で」の /e/ ）に対して，それぞれホルマント分析した結果を中段の上下に示している。

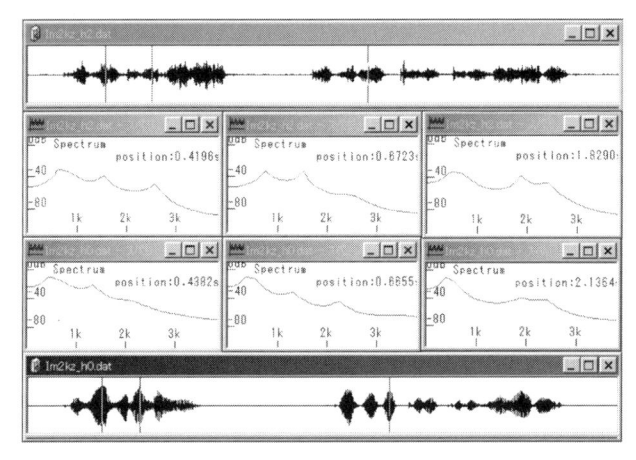

図9.23 ひそひそ声のスペクトル分析結果。最上段はひそひそ声の波形，第2段目は代表的な3点でのスペクトル，第3段目は通常発声に対するスペクトル，最下段は通常発声の波形

ここでは，比較しやすいように，（FFTパワースペクトルを表示せずに）スペクトル包絡のみを示している。左側の /a/ ，および中央の /u/ のスペクトル包絡を比較すると，そのピークである三つのホルマントがひそひそ発声の場合に高い周波数に移行していることが認められる。ただし，右側の /e/ では，第1ホルマントのみ高くなり，他はほぼ同じ位置に存在している。

ひそひそ声ではホルマント周波数が上昇するのは，ひそひそ発声の際に声門を開き気味にすることに基づいているものと推定されるが，詳しい解析はなされていないようである。

9.4 腹話術の声を分析する

腹話術というのをご存じだろう。普通は，手にした人形がしゃべっているふうに，発声者自身は唇を動かさずに発声している，あの舞台演芸である。このごろでは，複数の声色（こわいろ）を発

声仕分ける人も出てきている．ここでは，ビデオカセット（ポニーキャニオン PCVG-10667）に録音されている「一国堂」（男性）という腹話術士の声をパソコンに取り込み，音声分析した．なお，発声時の唇は，少し開けているか，ほとんど閉じた状態である．

　図9.24は，一国堂の普通発声時（発声内容：「綾ちゃんは今」）の音声波形，その基本周波数パターン，および代表的な時点（縦線のマーカ位置）でのスペクトル分析結果である．

　普通の発声をしているから，結果も他の人の発声と大差ないものになっている．

　図9.25は，一国堂が女声に似せた発声をした場合の波形，基本周波数パターンおよびスペクトル分析結果である（発声内容は，前と異なり，「もしもし」）．

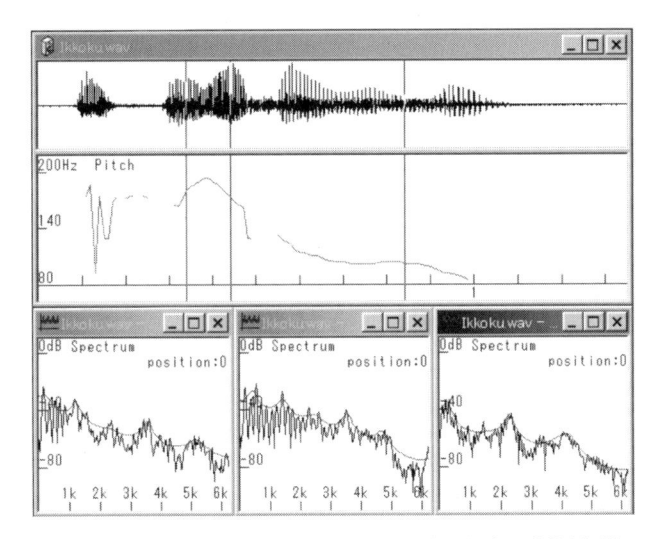

図9.24 腹話術士の通常発声時の波形（上段），基本周波数（中段），3時点でのスペクトル（下段）

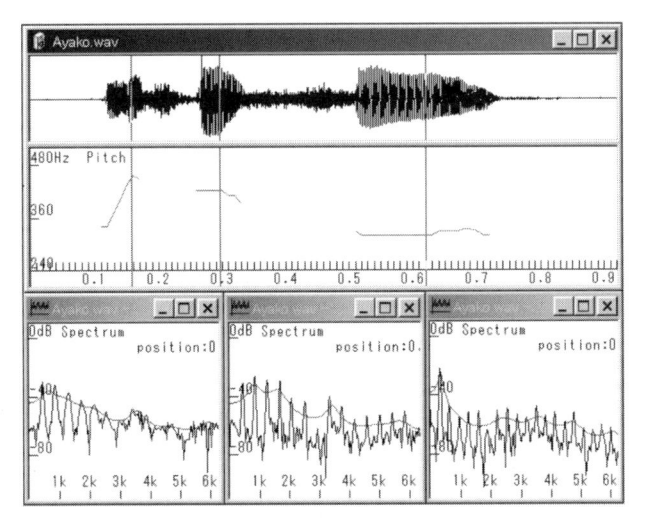

図9.25 腹話術士の女声に似せた発声時の波形（上段），基本周波数（中段），3時点でのスペクトル（下段）

このデータでは裏声を使って発声しており，基本周波数パターンの分析結果からわかるように，かなり高め（319～456 Hz）の基本周波数となっている。スペクトル分析の結果を見ても，しっかりした調波構造をとっており，「女声あるいは子供の声」になっている。

図 9.26 も，他の女声に似せて発声（発声内容：「用件は」）した場合の，波形と基本周波数およびスペクトルの分析結果である。

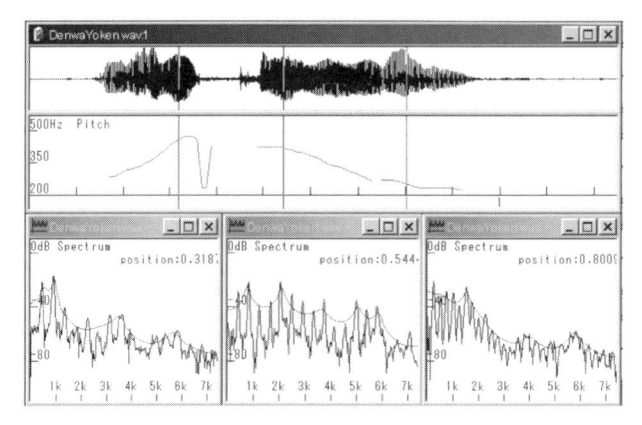

図 9.26 腹話術士の女声に似せた発声時の波形（上段），基本周波数（中段），3時点でのスペクトル（下段）

基本周波数パターンを見ると，先ほどの女声より，基本周波数を大きく変化させながら発声していることがわかる（0.35 s 付近で抽出誤りがあるが）。短い文節であるが，基本周波数は 224～472 Hz と大きく変化している。有声部においては，スペクトルはきれいな調波構造を示しており，ホルマントももっともらしく生じている。

図 9.27 は，老人（男）の声に似せた発声（発声内容：「もしもし」）した場合の，波形と基本周波数およびスペクトルの分析結果である。

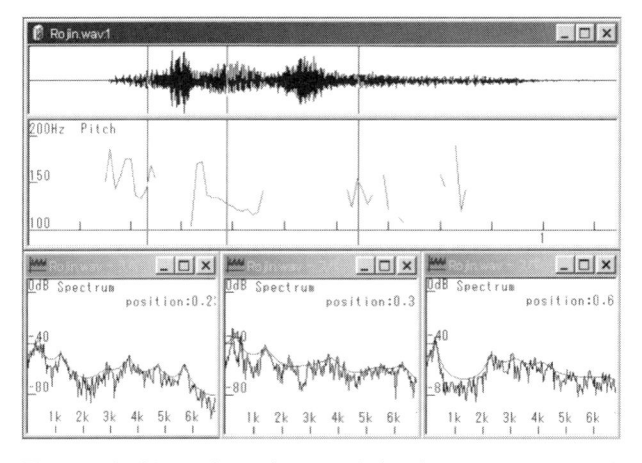

図 9.27 腹話術士の老人に似せた発声時の波形（上段），基本周波数（中段），3時点でのスペクトル（下段）

この音声では，喉を押しつぶしたような無理な発声をしており，明確な基本波が生じていない。基本周波数の分析では，有声音しきい値を 0.5 に設定した結果を示した。通常値の 0.7 では，ほとんどの区間で無声と判定されるからである。基本周波数の分析結果がばらついているのは，この発声波形が乱れており，周期性を発見しにくいことを物語っている。有声部らしき箇所のスペクトル分析の結果からも，調波構造が明確でなく，谷の部分が埋まったような形をしており，雑音が重畳した音と類似の特性を示している。また，通常の発声よりも，2 kHz 以上の高周波成分が大きくなっている。

図 9.28 は，高い声の男性の友人（荒っぽいしゃべり方だから）のつもりで発声（発声内容：「いっこく！」）した場合の，波形と基本周波数の分析結果である。

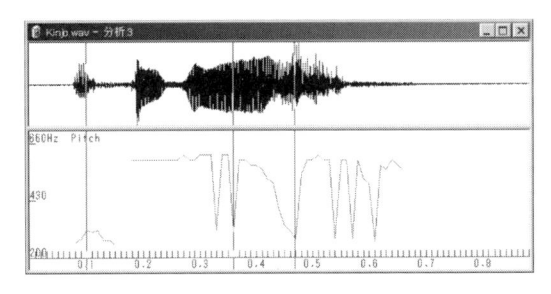

図 9.28 腹話術士が高い声の男声に似せた発声時の波形（上段）と基本周波数（下段）

基本周波数の分析結果を見ると，高い周波数から V 字状に低い（半分の）周波数に低下しており，いかにも半ピッチの抽出誤りのように見える。図 9.28 でマーカを入れた箇所の詳細波形を**図 9.29** に示す。

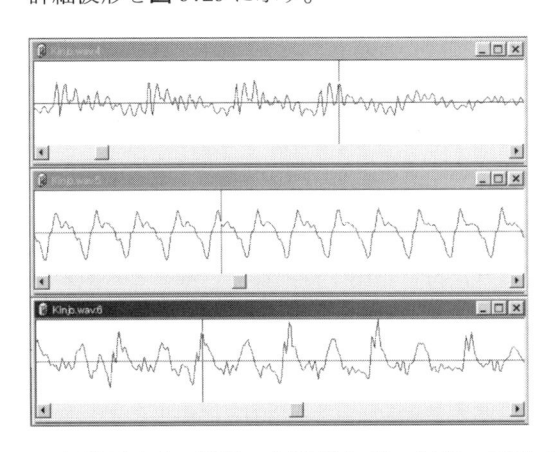

図 9.29 腹話術士が高い声の男声に似せた発声時の詳細波形。図 9.28 の 3 時点に対応している

上段が 0.1 s 付近，中段が 0.36 s 付近，下段が 0.47 s 付近の波形で，いずれも 20 ms の区間を表示している。上段の波形から，基本周期は 3.6 ms（基本周波数で 278 Hz）と読み取れ，図 9.28 の分析結果と符合している。中段の波形は一見すると，周期 1.7 ms（周波数にして 588 Hz）程度の周期的な波形が続いているように見えるが，詳細に観察すると，一つおきの周期波形のほうがより類似しており，その基本周期を求めると 3.4 ms（周波数に

して 294 Hz) となる．この周波数の値は，図 9.28 の基本周波数パターンにおける V 字状の谷の位置での値に一致している．すなわち，この中段のような音声波形の基本周期（あるいは，基本周波数）を，前後の値を参照にすることなく求めると，あたかも倍の周期（半分の周波数）に誤るごとく抽出されるのである．また，下段の波形では，2 種類の大きな山がほぼ規則的に続いており，隣接する鋭い山（あるいは，なだらかな山）の間隔を求めると 3.7 ms（周波数にして 270 Hz）となり，これが基本周期（あるいは，基本周波数）にあたる．

この音声では，出だしの 0.1 s 付近では，500 Hz 以上という高い基本周波数を発声できず，地声の高めの周波数である 278 Hz で発声を開始している．以降，図 9.28 の分析結果にみるように，0.2〜0.31 s の間では 600 Hz に近い基本周波数で発声しているが，それをさらに持続させることが難しく，図 9.29 中段の波形のように，ところどころ地声の基本周波数が出てきて，ついには図 9.29 下段のように地声と高い声が混ざったような波形になっている．

ここの例であげた音声も，歌声の場合と同様に，基本周波数がオクターブ（周波数にして倍）以上の幅で変化しているので，基本周波数分析を難しくしている．

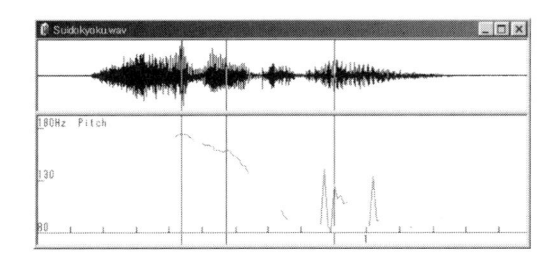

つぎに，しわがれ声（嗄声ともいう）の男性の声色で発声した音声の波形と基本周波数分析結果を，**図 9.30** に示す．

図 9.30 腹話術士がしわがれ声の男声に似せた発声時の波形（上段）と基本周波数（下段）

発声内容は，「水道局の」である．基本周波数の分析結果では，全般的に有声性が低く，切れ切れに基本周波数パターンが表示されており，特に語尾では乱れていることに気が付く．語尾部分の波形を拡大して**図 9.31** に示す．

窓枠全体が 50 ms の長さになっている．網掛けした区間が 1 ピッチ周期波形と考えられ，その長さは 13.7 ms になっている．すなわち，基本周波数にして 73 Hz に相当する．音声

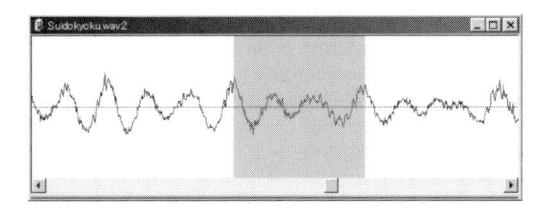

図 9.31 腹話術士がしわがれ声の男声に似せた発声時の語尾の波形．網部分が 1 ピッチ区間になっている

工房では，基本周波数分析の最低周波数が 80 Hz に設定されているので，このような低い基本周波数を検出できず，乱れた分析結果になっているものと推定される．図 9.30 でマーカを入れた箇所でのスペクトルを**図 9.32** に示す．

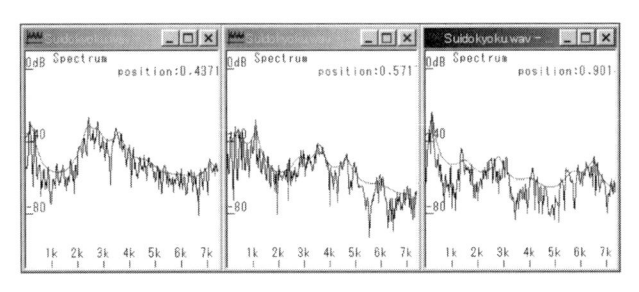

図 9.32 腹話術士がしわがれ声の男声に似せた発声時の 3 時点（図 9.30 のマーカ点）でのスペクトル

有声箇所では，基本波とその高調波の山谷が認められるが，谷が浅く，雑音成分が重畳していることがわかる．全体的なスペクトルとしては，男声の割には，高周波成分が大きい特徴がある．また，ホルマント構造はかなり形成されていることがわかる．

これまで，「一国堂」という腹話術士が発声する 5 種の腹話術の音声（＋通常発声）を紹介・分析してきた．多くの声色をつくるといっても，基本的には，裏声で声を高めに発声する，喉を締めて低めに発声する，の 2 通りしかなさそうで（唇を開けないから），それに語り口を工夫して，多くの種類の発声を実現しているものといえる．腹話術の声をさらに綿密に分析するには，同じ内容の短文を発声してもらったり，唇の開口状態と発声音声を関係付けるなど，整った条件の音声データを収録する必要があろう．

付録 CD-ROM について

> 本書には，CD-ROM（以下，単に CD と呼ぶ）が付属している。ここでは，付録 CD の内容および使い方について説明する。

付1. CD の内容

本 CD には，付図 1 に示すように，多くのファイルとディレクトリ（図では，〈　〉で示している）が含まれている。

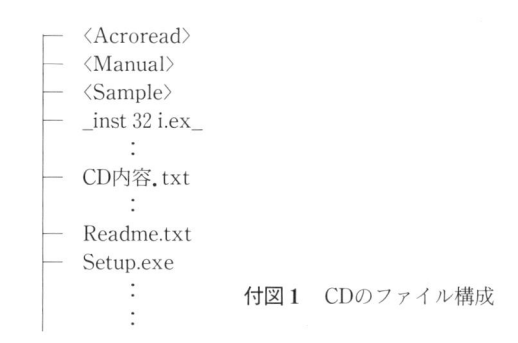

```
├─ 〈Acroread〉
├─ 〈Manual〉
├─ 〈Sample〉
├─ _inst 32 i.ex_
│       :
├─ CD内容.txt
├─ Readme.txt
├─ Setup.exe
        :
        :
```

付図 1　CD のファイル構成

なお，上図ではすべてのファイルの拡張子を表示しているが，Windows の通常設定では拡張子が表示されないファイルもある。

付 1.1　ルートディレクトリに格納されているファイル

CD のルートディレクトリには，音声工房 Pro の試用版プログラムが，複数のファイルの形で格納されている。そのほか，本 CD の内容に関する説明書（CD 内容.txt）および音声工房 Pro の説明書（readme.txt）も格納されている。CD-ROM 装置に本 CD を挿入すると，自動的にインストールの案内が表示されるようになっている。

音声工房 Pro 試用版をハードディスクにインストールするプログラムは，Setup.exe であるが，その操作については，付 2 で説明する。

音声工房 Pro の試用版プログラムは，Windows 95/98/ME/NT 4/2000/XP のもとで動作する。音声工房 Pro 試用版を利用するには，これらの基本ソフトが組み込まれたパソコ

ンを使用する。

付1.2 〈Acroread〉ディレクトリ

このディレクトリには，文書配布・管理形式である PDF 文書を閲覧するためのソフトウェアである Acrobat Reader が圧縮した形で収められている。PDF というのは，Portable Document Format の略であり，さまざまな文書を，異なるプラットフォーム（コンピュータ）やアプリケーションの間で情報共有できる一形式である。

本 CD には，音声工房 Pro のマニュアルなどが PDF 形式で格納されているので，マニュアルを参照するためには，Acrobat Reader をインストールする必要がある。インストールの方法については，付2を参照せよ。

付1.3 〈Manual〉ディレクトリ

このディレクトリには，音声工房 Pro のマニュアルが，PDF 形式で収められている。上記の Acrobat Reader を使うことにより，そのマニュアルをパソコン上で閲覧することができる。

付1.4 〈Sample〉ディレクトリ

このディレクトリには，本書のなかで説明用に使用した音声データが収められている。音声工房 Pro の試用版プログラムでこれらのデータを読み込むことにより，発声内容の聴取，波形や分析結果の表示が可能になる。

このディレクトリは，**付図2**に示すように，いくつかのサブディレクトリを含んでいる。

```
〈Sample〉
   ├─ 〈Fji〉
   ├─ 〈Mni〉
   ├─ 〈Overload〉
   ├─ 〈Qbit〉
   ├─ 〈SamplgF〉
   ├─ 〈Sn〉
   └─ 〈Speed〉
```

付図 2　Sample ディレクトリの内容

サブディレクトリ〈Fji〉には，女性の発声者（イニシャルは JI）による音声データを収容している。（頭文字の F は女性を表す）音声データのファイル名は，発声内容（の先頭）をローマ字表記したものであり，ファイル名から発声内容が推定できる。

サブディレクトリ〈Mni〉には，男性の発声者（イニシャルは NI）による音声データを収容している。（頭文字の M は男性を表す）音声データのファイル名は，前記と同様に，発声内容の一部を表記している。

152　　付録 CD-ROM について

　サブディレクトリ〈Overload〉には，本文4.5.4項で述べた，音声ディジタル化の際にオーバフローを生じさせた場合の音声データを収容している。

　サブディレクトリ〈Qbit〉には，本文4.5.3項で述べた，音声ディジタル化の際に有効な量子化ビット数の種々の値に対する音声データを収容している。

　サブディレクトリ〈SamplgF〉には，本文4.5.2項で述べた，種々の標本化周波数で音声をディジタル化した音声データを収容している。

　サブディレクトリ〈Sn〉には，本文7.2.4項で述べた，種々のSN比の音声データを収容している。

　サブディレクトリ〈Speed〉には，本文4.5.1項で述べた，ディジタル化された音声データを，標本化周波数と異なる周波数で復元した場合に聞こえる音声を収容している。

付2.　CDの使い方

付2.1　音声工房 Pro 試用版の組込み

　音声工房 Pro 試用版を利用するためには，本CDに格納されているプログラムをパソコンに組み込まなければならない。そのためには，本CDの内容をパソコンにコピーするだけではだめで，以下に述べる手順をとらなければならない。

　本CDをパソコンのCD-ROM装置に入れると，通常，自動的にセットアップ画面が表示される。もし，セットアップ画面が出てこないようなら，本CDのルートディレクトリにあるSetup.exe（拡張子は表示されないかもしれない）というファイルを実行（ダブルクリック）する。以下，画面の指示に従う。

付2.2　音声工房 Pro 試用版の起動

　音声工房 Pro 試用版は以下のようにして起動する。Windowsの［スタート］ボタンを押して現れるメニューから，［すべてのプログラム］を選び，さらに［SP4WIN Pro 特別試用版］のなかの［SP4WIN Pro］を選択する。

　音声工房 Pro 試用版の使用期限は，インストール後60日である。使用期限が過ぎた後に音声工房 Pro 試用版を起動すると，「試用期間が終了した」という表示が出て，使用できなくなったことがわかる（再度インストールしても使用できない）。

付2.3　Acrobat Reader の利用

　Acrobat Reader を利用するためには，本CDに格納されているプログラムをパソコンに組み込む。そのためには，以下に述べる手順に従う。

付録 CD-ROM について　　*153*

　本 CD をパソコンの CD-ROM 装置に入れると，通常，自動的にセットアップ画面が表示される．セットアップをキャンセルして，エクスプローラから本 CD の内容を見ること．〈Acroread〉のディレクトリのなかにある ar405jpn.exe（拡張子は表示されないかもしれない）というファイルをダブルクリックせよ．その後は，画面の指示に従うこと．

　Acrobat Reader のアイコンは，デスクトップ上につくられるので，それをダブルクリックすると，Acrobat Reader が起動する．［ファイル］メニューの［開く］という項目を指定し，読みたい PDF ファイルを指定すれば，希望の文書が開く．

　詳しくは，Acrobat Reader のヘルプを参照せよ．

付 2.4　音声データの利用

　音声工房 Pro 試用版を起動し，［ファイル］メニューの［開く］を指定して，本 CD 中の音声データを選択して読み込む．あるいは，エクスプローラからファイルを選択（複数でも可）し，音声工房 Pro にドラッグしてもかまわない．

　詳しくは，音声工房 Pro のヘルプ，またはマニュアルを参照のこと．

　本 CD に関する不明点については，直接，著者宛に電子メール（sgb01741@nifty.ne.jp）で問合せのこと．

参 考 文 献

[音声処理ソフトウェアに関するもの]
1) NTTアドバンステクノロジ㈱：Windowsパソコン用音声分析ソフトSP 4 WIN Pro，日本音響学会誌，**55**，3，pp. 229〜232（1999.3）
2) 石井直樹，鈴木博和：Windows 95/98/NT 4 対応音声処理ソフト－音声工房Pro－，日本音響学会講演論文集，IS-5，pp. 9〜10（2000.3）

[音の基礎に関するもの]
3) 山下充康：音戯話（おとぎばなし），コロナ社（1989）
4) 日本音響学会編：音のなんでも小事典，ブルーバックスB 1150，講談社（1996）

[音声分析に関するもの]
5) レイ・D・ケント，チャールズ・リード 著，荒井隆行，菅原 勉 監訳：音声の音響分析，海文堂（1996）
6) 三浦種敏 監修：新版 聴覚と音声，電子通信学会（1980）

[歌声の分析に関するもの]
6) 小田切わか菜，粕谷英樹：歌声のピッチ遷移に関する検討，日本音響学会講演論文集，2-6-6，pp. 537〜538（2000.9）

[ひそひそ声の特徴に関するもの]
7) 杉藤美代子，高橋宏明，他：ささやき声におけるアクセントの知覚的，音響的，生理的特徴，電子情報通信学会音声研究会資料，SP 91-1，pp. 1〜8（1991.1）

[ホーミーの分析に関するもの]
8) 武田昌一，村岡輝雄，他：2音声唱法の音響的特徴の解析，日本音響学会講演論文集，2-6-8，pp. 541〜542（2000.9）

索　　　引

【い】
１周期波形	64

【う】
歌　声	132
歌のホルマント	135

【お】
音	37
オーバフロー	41
オフセット	42
折返しひずみ	42
音響機器の接続	9, 12
音声 CODEC	22
音声工房	28
音声工房 Pro	28
音声工房 Pro 試用版	152
音声生成器官	90
音声波形	49
音声パワー	91
音声分析	89
音　紋	109

【か】
拡張子	14
拡張スロット	2
拡張ボード	2
加　算	77
過負荷雑音	47

【き】
起　動	29
基本周期	68
基本周波数	68
逆転再生	22
球面波	37
狭帯域	109
極周波数	115
切り出し	79
切り貼り	76

【く】
クリップ	48
クリップボード	21

【こ】
高速フーリエ変換	115
広帯域	109

【さ】
再　生	29
サウンドカード	1, 5
サウンドスペクトログラム	108
サウンドファイル	14
サウンドボード	1
サウンドレコーダ	14, 16
囁き声	142
嗄　声	148
雑　音	83
雑音区間	74
雑音重畳	86

【し】
子　音	57
終　了	29
受聴音量	75
しわがれ声	148
信号音	83
振幅しきい値	95
振幅倍率変更	52
振幅変更	71

【す】
スクロール表示	53
ステレオ信号	79
スピーカ出力	5
スペクトル	101
スペクトル分析	89
スペクトル包絡	101, 115

【せ】
声　紋	109
セクション	109

【そ】
絶対振幅	71
線形量子化	41
全体波形	39
相対振幅	71
ソナグラフ	108
ソナグラム	108
ソナグラム分析	109
粗密波	37

【た】
ダイアログ	17
ダイアログボックス	17
短区間パワースペクトル	100
単語編集	77

【ち】
長　音	62

【て】
低域ろ波器	41, 43
ディジタルオーディオテープ	4
ディジタル化	40
ディジタル化条件	33
デスクトップパソコン	1, 11
デバイスドライバ	6
点音源	37

【な】
ナイキスト周波数	42

【に】
二重母音	63

【の】
ノートパソコン	1, 8
ノートブックパソコン	1

【は】
倍ピッチ	95
白雑音	83
波　形	38

波形表示	39	フレーム長	91	【も】	
波形包絡	39,49	分析次数	102	モノクロ表示	113
破裂音	57	【へ】		モノラル信号	81
パワースペクトル	101	平均スペクトル	100,107	【ゆ】	
パワー包絡	91	閉鎖休止区間	58	有声音しきい値	95
半ピッチ	95	平面波	37	有声閉鎖音	58
半母音	60	【ほ】		【ら】	
【ひ】		母音	55	ライン出力	5
鼻音	60	ホーミー	140	ライン入力	4
鼻音化	62	ホルマント	69,102	ラジオボタン	6
非線形量子化	41	ホルマント周波数	69	【り】	
ひそひそ声	142	ホルマント帯域幅	69	量子化	40
ピッチ	68	ホワイトノイズ	83	量子化雑音	47
ピッチパタン	93	【ま】		量子化精度	34
ピッチ分析	93	マイク入力	4	量子化ビット	46
ビット数	34	摩擦音	59	【れ】	
表示下限	114	窓	91	レベル	75
表示上限	114	窓形状	94	連母音	63
標本化	40	窓長	102	【ろ】	
標本化周波数	34,40,42,43	【み】		録音	31
標本化速度	40	ミキシング	77	ローパスフィルタ	41,43
【ふ】		【む】		【わ】	
ファイル保存	125	無声化母音	61	わたり	109
複合正弦波	85	無声閉鎖音	57		
腹話術	144	【め】			
符号化形式	25	メディアプレーヤ	14		
部分再生	31				
部分表示	52				
プラグインパワー	11,13				
フレーム周期	91				

A-D変換	4	Hamming窓	94	singing formant	135
ADPCM	24	ISAバス	2	SN比	9
CD	150	Line In	4	Sound Blaster	2
CD-ROM	150	Line Out	5	SP Out	5
CODEC	22	Mic In	4	SP 4 WIN	28
D-A変換	4	MIDI	6	USB	3
DAT	4	MP 3	24	.wav	14
dB	72	PCIバス	2	WAVファイル	17
dBV	91	PCM	24,34	WAVE出力	5
F 0	68	PCMCIA	3	WAVE入力	5
FFT	115	RMS	91	Windows	14

―― 著者略歴 ――

- 1965 年　京都大学工学部電子工学科卒業
- 1965 年　日本電信電話公社（現，NTT）電気通信研究所勤務
- 1982 年　日本電信電話公社電気通信研究所音声入出力方式研究室室長
- 1987 年　NTT アドバンステクノロジ(株)勤務
- 2005 年　横浜国立大学産学連携推進本部勤務
　　　　　現在に至る

音声工房を用いた音声処理入門
Introduction to Speech Processing Using
  the Software "SP4WIN Pro."　　　　　© Naoki Ishii　2002

2002 年 5 月 2 日　初版第 1 刷発行
2010 年 9 月 30 日　初版第 5 刷発行

検印省略

著　者　石　井　直　樹
発行者　株式会社　コロナ社
　　　　代表者　牛来真也
印刷所　新日本印刷株式会社

112-0011　東京都文京区千石 4-46-10
発行所　株式会社　コロナ社
CORONA PUBLISHING CO., LTD.
Tokyo Japan
振替 00140-8-14844・電話(03)3941-3131(代)
ホームページ　http://www.coronasha.co.jp

ISBN 978-4-339-00739-8　（藤田）　（製本：愛千製本所）
Printed in Japan

無断複写・転載を禁ずる
落丁・乱丁本はお取替えいたします

電子情報通信レクチャーシリーズ

■(社)電子情報通信学会編　　（各巻B5判）

共通

記号	配本順	書名	著者	頁	定価
A-1		電子情報通信と産業	西村 吉雄 著		
A-2	(第14回)	電子情報通信技術史 —おもに日本を中心としたマイルストーン—	「技術と歴史」研究会編	276	4935円
A-3		情報社会・セキュリティ・倫理	辻井 重男 著		
A-4		メディアと人間	原島 博／北川 高嗣 共著		
A-5	(第6回)	情報リテラシーとプレゼンテーション	青木 由直 著	216	3570円
A-6		コンピュータと情報処理	村岡 洋一 著		
A-7	(第19回)	情報通信ネットワーク	水澤 純一 著	192	3150円
A-8		マイクロエレクトロニクス	亀山 充隆 著		
A-9		電子物性とデバイス	益 一哉／天川 修平 共著		

基礎

記号	配本順	書名	著者	頁	定価
B-1		電気電子基礎数学	大石 進一 著		
B-2		基礎電気回路	篠田 庄司 著		
B-3		信号とシステム	荒川 薫 著		
B-4		確率過程と信号処理	酒井 英昭 著		
B-5		論理回路	安浦 寛人 著		
B-6	(第9回)	オートマトン・言語と計算理論	岩間 一雄 著	186	3150円
B-7		コンピュータプログラミング	富樫 敦 著		
B-8		データ構造とアルゴリズム	今井 浩 著		
B-9		ネットワーク工学	仙田 正和／石村 敬／中野 裕介 共著		
B-10	(第1回)	電磁気学	後藤 尚久 著	186	3045円
B-11	(第20回)	基礎電子物性工学 —量子力学の基本と応用—	阿部 正紀 著	154	2835円
B-12	(第4回)	波動解析基礎	小柴 正則 著	162	2730円
B-13	(第2回)	電磁気計測	岩﨑 俊 著	182	3045円

基盤

記号	配本順	書名	著者	頁	定価
C-1	(第13回)	情報・符号・暗号の理論	今井 秀樹 著	220	3675円
C-2		ディジタル信号処理	西原 明法 著		
C-3	(第25回)	電子回路	関根 慶太郎 著	190	3465円
C-4	(第21回)	数理計画法	山下 信雄／福島 雅夫 共著	192	3150円
C-5		通信システム工学	三木 哲也 著		
C-6	(第17回)	インターネット工学	後藤 滋樹／外山 勝保 共著	162	2940円
C-7	(第3回)	画像・メディア工学	吹抜 敬彦 著	182	3045円
C-8		音声・言語処理	広瀬 啓吉 著		
C-9	(第11回)	コンピュータアーキテクチャ	坂井 修一 著	158	2835円

配本順				頁	定価
C-10		オペレーティングシステム	徳田英幸著		
C-11		ソフトウェア基礎	外山芳人著		
C-12		データベース	田中克己著		
C-13		集積回路設計	浅田邦博著		
C-14		電子デバイス	和保孝夫著		
C-15	(第8回)	光・電磁波工学	鹿子嶋憲一著	200	3465円
C-16		電子物性工学	奥村次徳著		

展開

				頁	定価
D-1		量子情報工学	山崎浩一著		
D-2		複雑性科学	松本隆編著		
D-3	(第22回)	非線形理論	香田徹著	208	3780円
D-4		ソフトコンピューティング	山川烈／堀尾恵一共著		
D-5	(第23回)	モバイルコミュニケーション	中川正雄／大槻知明共著	176	3150円
D-6		モバイルコンピューティング	中島達夫著		
D-7		データ圧縮	谷本正幸著		
D-8	(第12回)	現代暗号の基礎数理	黒澤馨／尾形わかは共著	198	3255円
D-10		ヒューマンインタフェース	西田正吾／加藤博一共著		
D-11	(第18回)	結像光学の基礎	本田捷夫著	174	3150円
D-12		コンピュータグラフィックス	山本強著		
D-13		自然言語処理	松本裕治著		
D-14	(第5回)	並列分散処理	谷口秀夫著	148	2415円
D-15		電波システム工学	唐沢好男著		
D-16		電磁環境工学	徳田正満著		
D-17	(第16回)	VLSI工学 —基礎・設計編—	岩田穆著	182	3255円
D-18	(第10回)	超高速エレクトロニクス	中村徹／三島友義共著	158	2730円
D-19		量子効果エレクトロニクス	荒川泰彦著		
D-20		先端光エレクトロニクス	大津元一著		
D-21		先端マイクロエレクトロニクス	小柳光正／田中徹共著		
D-22		ゲノム情報処理	高木利久／小池麻子編著		
D-23	(第24回)	バイオ情報学 —パーソナルゲノム解析から生体シミュレーションまで—	小長谷明彦著	172	3150円
D-24	(第7回)	脳工学	武田常広著	240	3990円
D-25		生体・福祉工学	伊福部達著		
D-26		医用工学	菊地眞編著		
D-27	(第15回)	VLSI工学 —製造プロセス編—	角南英夫著	204	3465円

定価は本体価格+税5%です。
定価は変更されることがありますのでご了承下さい。

図書目録進呈◆

大学講義シリーズ

(各巻A5判，欠番は品切です)

配本順	書名	著者	頁	定価
(2回)	通信網・交換工学	雁部穎一著	274	3150円
(3回)	伝送回路	古賀利郎著	216	2625円
(4回)	基礎システム理論	古田・佐野共著	206	2625円
(6回)	電力系統工学	関根泰次他著	230	2415円
(7回)	音響振動工学	西山静男他著	270	2730円
(10回)	基礎電子物性工学	川辺和夫他著	264	2625円
(11回)	電磁気学	岡本允夫著	384	3990円
(12回)	高電圧工学	升谷・中田共著	192	2310円
(14回)	電波伝送工学	安達・米山共著	304	3360円
(15回)	数値解析(1)	有本卓著	234	2940円
(16回)	電子工学概論	奥田孝美著	224	2835円
(17回)	基礎電気回路(1)	羽鳥孝三著	216	2625円
(18回)	電力伝送工学	木下仁志他著	318	3570円
(19回)	基礎電気回路(2)	羽鳥孝三著	292	3150円
(20回)	基礎電子回路	原田耕介他著	260	2835円
(21回)	計算機ソフトウェア	手塚・海尻共著	198	2520円
(22回)	原子工学概論	都甲・岡共著	168	2310円
(23回)	基礎ディジタル制御	美多勉他著	216	2520円
(24回)	新電磁気計測	大照完他著	210	2625円
(25回)	基礎電子計算機	鈴木久喜他著	260	2835円
(26回)	電子デバイス工学	藤井忠邦著	274	3360円
(27回)	マイクロ波・光工学	宮内一洋他著	228	2625円
(28回)	半導体デバイス工学	石原宏著	264	2940円
(29回)	量子力学概論	権藤靖夫著	164	2100円
(30回)	光・量子エレクトロニクス	藤岡・小原・齊藤共著	180	2310円
(31回)	ディジタル回路	高橋寛他著	178	2415円
(32回)	改訂 回路理論(1)	石井順也著	200	2625円
(33回)	改訂 回路理論(2)	石井順也著	210	2835円
(34回)	制御工学	森泰親著	234	2940円
(35回)	新版 集積回路工学(1) ―プロセス・デバイス技術編―	永田・柳井共著	270	3360円
(36回)	新版 集積回路工学(2) ―回路技術編―	永田・柳井共著	300	3675円

以下続刊

電気機器学	中西・正田・村上共著	電気・電子材料	水谷照吉他著
半導体物性工学	長谷川英機他著	情報システム理論	長谷川・高橋・笠原共著
数値解析(2)	有本卓著	現代システム理論	神山真一著

定価は本体価格+税5％です。
定価は変更されることがありますのでご了承下さい。

図書目録進呈◆

電気・電子系教科書シリーズ

(各巻A5判)

- ■編集委員長　高橋　寛
- ■幹事　湯田幸八
- ■編集委員　江間　敏・竹下鉄夫・多田泰芳
  中澤達夫・西山明彦

配本順		書名	著者	頁	定価
1.	(16回)	電気基礎	柴田尚志・皆藤新芳・多田泰志 共著	252	3150円
2.	(14回)	電磁気学	柴田尚志 共著	304	3780円
3.	(21回)	電気回路Ⅰ	柴田尚志 著	248	3150円
4.	(3回)	電気回路Ⅱ	遠藤勲・鈴木靖郎 共著	208	2730円
6.	(8回)	制御工学	下西二鎮・奥平正幸 共著	216	2730円
7.	(18回)	ディジタル制御	青木俊・西堀 共著	202	2625円
8.	(25回)	ロボット工学	白水俊次 著	240	3150円
9.	(1回)	電子工学基礎	中澤達夫・藤原勝幸 共著	174	2310円
10.	(6回)	半導体工学	渡辺英夫 著	160	2100円
11.	(15回)	電気・電子材料	中澤・藤原・押田・服部 共著	208	2625円
12.	(13回)	電子回路	森山健二・須田英二 共著	238	2940円
13.	(2回)	ディジタル回路	土田博夫・伊原充弘・若海純也・吉賀昌巌・室下進 共著	240	2940円
14.	(11回)	情報リテラシー入門	山 共著	176	2310円
15.	(19回)	C++プログラミング入門	湯田幸八 著	256	2940円
16.	(22回)	マイクロコンピュータ制御プログラミング入門	柚賀正光・千代谷慶 共著	244	3150円
17.	(17回)	計算機システム	春日健治・舘泉八博 共著	240	2940円
18.	(10回)	アルゴリズムとデータ構造	湯田雄幸・伊原充邦 共著	252	3150円
19.	(7回)	電気機器工学	前新弘勉 共著	222	2835円
20.	(9回)	パワーエレクトロニクス	江間敏・高橋勲 共著	202	2625円
21.	(12回)	電力工学	甲斐隆章・三木英機 共著	260	3045円
22.	(5回)	情報理論	吉川英機・竹下鉄夫 共著	216	2730円
23.		通信工学	松宮豊稔 共著	近刊	
24.	(24回)	電波工学	吉松宮岡正夫 共著	238	2940円
25.	(23回)	情報通信システム(改訂版)	南岡裕久・桑原史孝 共著	206	2625円
26.	(20回)	高電圧工学	植月唯夫・松原孝史 共著	216	2940円

以下続刊

5. 電気・電子計測工学　西山・吉沢共著

定価は本体価格+税5％です。
定価は変更されることがありますのでご了承下さい。

図書目録進呈◆

映像情報メディア基幹技術シリーズ
(各巻A5判)

■(社)映像情報メディア学会編

		頁	定価
1. 音声情報処理	春日田 正男 船田 哲也 林 伸一 共著	256	3675円
2. ディジタル映像ネットワーク	羽片 好頼 鳥山 律明 編著	238	3465円
3. 画像LSIシステム設計技術	榎本 忠儀 編著	332	4725円
4. 放送システム	山田 宰 編著	326	4620円
5. 三次元画像工学	佐々木 誠 佐藤 甲斐 葵己 橋本 直彦 高野 邦 共著	222	3360円
6. 情報ストレージ技術	沼澤 潤 二雄 梅本 益治 雄 奥田 優 喜連川 共著	216	3360円
7. 画像情報符号化	貴家 仁志 編著 吉田 俊彦 鈴木 輝彦 共著	256	3675円
8. 画像と視覚情報科学	三橋 哲雄 畑田 豊彦 矢野 澄男 共著	318	5250円

以下続刊

CMOSイメージセンサ　相澤・浜本編著

高度映像技術シリーズ
(各巻A5判)

■編集委員長　安田靖彦
■編集委員　岸本登美夫・小宮一三・羽鳥好律

		頁	定価
1. 国際標準画像符号化の基礎技術	小野 文孝 渡辺 裕 共著	358	5250円
2. ディジタル放送の技術とサービス	山田 宰 編著	310	4410円

以下続刊

高度映像の入出力技術　小宮・廣橋・上平・山口共著	高度映像の生成・処理技術　佐藤・高橋・安生共著
高度映像のヒューマンインターフェース　安西・小川・中内共著	高度映像とネットワーク技術　島村・小寺・中野共著
高度映像とメディア技術　岸本登美夫他著	高度映像と電子編集技術　小町　祐史著
次世代の映像符号化技術　金子・太田共著	次世代映像技術とその応用

定価は本体価格+税5%です。
定価は変更されることがありますのでご了承下さい。

図書目録進呈◆

ディジタル信号処理ライブラリー

(各巻A5判)

■企画・編集責任者　谷萩隆嗣

配本順			頁	定価
1.（1回）	ディジタル信号処理と基礎理論	谷萩隆嗣著	276	3675円
2.（8回）	ディジタルフィルタと信号処理	谷萩隆嗣著	244	3675円
3.（2回）	音声と画像のディジタル信号処理	谷萩隆嗣編著	264	3780円
4.（7回）	高速アルゴリズムと並列信号処理	谷萩隆嗣編著	268	3990円
5.（9回）	カルマンフィルタと適応信号処理	谷萩隆嗣著	294	4515円
6.（10回）	ARMAシステムとディジタル信号処理	谷萩隆嗣著	238	3780円
7.（3回）	VLSIとディジタル信号処理	谷萩隆嗣編	288	3990円
8.（6回）	情報通信とディジタル信号処理	谷萩隆嗣編著	314	4620円
9.（5回）	ニューラルネットワークとファジィ信号処理	谷萩隆嗣編著　萩原将文　山口亨 共著	236	3465円
10.（4回）	マルチメディアとディジタル信号処理	谷萩隆嗣編著	332	4620円

定価は本体価格＋税5％です。
定価は変更されることがありますのでご了承下さい。

図書目録進呈◆

音響サイエンスシリーズ

(各巻A5判)

■(社)日本音響学会編

			頁	定価
1.	音色の感性学 ―音色・音質の評価と創造― ―CD-ROM付―	岩宮 眞一郎編著 小坂・小澤・高田 藤沢・山内 共著	240	3570円
2.	空間音響学	飯田一博・森本政之編著 福留・三好・宇佐川共著	176	2520円
	音楽はなぜ心に響くのか? ―音楽音響学と音楽を解き明かす諸科学―	山田真司・西口磯春編著 永岡・北川・谷口 三浦・佐藤 共著		
	視聴覚融合の科学	岩宮 眞一郎編著 北川・積山・安倍 金・髙木・笠松 共著		
	聴覚モデル	森 周司・香田 徹編著 入野・鵜木・倉智 鈴木・津崎・任 共著 日比野・牧		
	聴覚の文法	中島 祥好編著 佐々木・上田共著		
	パラ言語・非言語情報の音声科学	粕谷 英樹編著 前川・森 共著		
	コンサートホールの科学 ―形と音のハーモニー―	上野 佳奈子編著 橘・羽入・日高 坂本・小口・清水 共著		
	サイン音の科学 ―メッセージを伝える音のデザイン論―	岩宮 眞一郎著		

音響工学講座

(各巻A5判,欠番は品切です)

■(社)日本音響学会編

配本順				頁	定価
1.	(7回)	基礎音響工学	城戸 健一編著	300	4410円
3.	(6回)	建築音響	永田 穂編著	290	4200円
4.	(2回)	騒音・振動(上)	子安 勝編	290	4620円
5.	(5回)	騒音・振動(下)	子安 勝編著	250	3990円
6.	(3回)	聴覚と音響心理	境 久雄編著	326	4830円
8.	(9回)	超音波	中村 僖良編	218	3465円

定価は本体価格+税5%です。
定価は変更されることがありますのでご了承下さい。

図書目録進呈◆

音響入門シリーズ

(各巻A5判, CD-ROM付)

■(社)日本音響学会編

	配本順			頁	定価
A-1		音響学入門	鈴木・赤木・中村 佐藤・伊藤・苣木 共著		
A-2	(3回)	音の物理	東山 三樹夫 著	208	2940円
A		音と人間	宮原 榮一 蘆原 郁 坂野 達也 共著 平原		
A		音とコンピュータ	誉田 雅彰 足立 整治 共著 小林 哲則		
B-1	(1回)	ディジタルフーリエ解析(I) —基礎編—	城戸 健一 著	240	3570円
B-2	(2回)	ディジタルフーリエ解析(II) —上級編—	城戸 健一 著	220	3360円
B		音の測定と分析	矢野 博夫 飯田 一博 共著		
B		音の回路	大賀 寿郎 梶川 嘉延 共著		
B		音の体験学習	三井田 惇郎 編著		

(注：Aは音響学にかかわる分野・事象解説の内容，Bは音響学的な方法にかかわる内容です)

定価は本体価格+税5％です。
定価は変更されることがありますのでご了承下さい。

図書目録進呈◆

音響テクノロジーシリーズ

（各巻A5判）

■(社)日本音響学会編

			頁	定価
1.	音のコミュニケーション工学 ―マルチメディア時代の音声・音響技術―	北脇信彦編著	268	3885円
2.	音・振動のモード解析と制御	長松昭男編著	272	3885円
3.	音の福祉工学	伊福部　達著	252	3675円
4.	音の評価のための心理学的測定法	難波精一郎 桑野園子共著	238	3675円
5.	音・振動のスペクトル解析	金井　浩著	346	5250円
6.	音・振動による診断工学	小林健二編著	214	3360円
7.	音・音場のディジタル処理	山﨑芳男 金田　豊編著	222	3465円
8.	環境騒音・建築音響の測定	橘　秀樹 矢野博夫共著	198	3150円
9.	アクティブノイズコントロール	西村正治 伊勢史郎 宇佐川毅共著	176	2835円
10.	音源の流体音響学 ―CD-ROM付―	吉川　茂 和田仁編著	280	4200円
11.	聴覚診断と聴覚補償	舩坂宗太郎著	208	3150円
12.	音環境デザイン	桑野園子編著	260	3780円
13.	音楽と楽器の音響測定 ―CD-ROM付―	吉川　茂 鈴木英男編著	304	4830円
14.	音声生成の計算モデルと可視化	鏑木時彦編著	274	4200円
15.	アコースティックイメージング	秋山いわき編著	254	3990円

以下続刊

波動伝搬における逆問題とその応用　山田・蜂屋
西條・吉川共著　　音源定位と音源分離　浅野　太著

定価は本体価格+税5％です。
定価は変更されることがありますのでご了承下さい。

図書目録進呈◆